看视频！零基础
学做养生汤

甘智荣◎编著

SPM 南方出版传媒 广东人民出版社

·广州·

图书在版编目（CIP）数据

看视频！零基础学做养生汤 / 甘智荣编著. - 广州：
广东人民出版社，2018.1（2020.3重印）
ISBN 978-7-218-12240-3

Ⅰ.①看… Ⅱ.①甘… Ⅲ.①保健－汤菜－菜谱 Ⅳ.①TS972.122

中国版本图书馆CIP数据核字（2017）第271631号

Kan Shipin! Lingjichu Xuezuo Yangshengtang

看视频！零基础学做养生汤

甘智荣 编著

版权所有　翻印必究

出 版 人：肖风华

责任编辑：严耀峰　李辉华
封面设计：青葫芦
摄影摄像：深圳市金版文化发展股份有限公司
策划编辑：深圳市金版文化发展股份有限公司
责任技编：周　杰

出版发行：广东人民出版社
地　　址：广州市海珠区新港西路204号2号楼（邮政编码：510300）
电　　话：（020）85716809（总编室）
传　　真：（020）85716872
网　　址：http://www.gdpph.com
印　　刷：广东信源彩色印务有限公司
开　　本：710毫米×1000毫米　1/16
印　　张：15　　字　数：220千
版　　次：2018年1月第1版
印　　次：2020年3月第8次印刷
定　　价：39.80元

如发现印装质量问题，影响阅读，请与出版社（020-32449105）联系调换。
售书热线：020-32449123

01 PART

最是滋补养生汤

002 … 煲汤"神器"——一举

003 … 和喝汤的坏习惯说再见

004 … 你知道哪些蔬菜最适合煲汤吗?

006 … 每个主妇都有一个煲汤秘诀

009 … 了解煲汤药材,养生更进一步

010 … 调制美汤,你问我答

02 PART

强身健体汤,让你无病一身轻

012 … 南瓜大麦汤

013 … 川贝蛤蚧杏仁瘦肉汤

014 … 天门冬胡萝卜汤

015 … 鸡骨草罗汉果马蹄汤

015 … 灵芝玉竹麦冬汤

016 … 银耳白果无花果瘦肉汤

017 … 灵芝黄芪蜜枣瘦肉汤

018 … 巴戟党参炖花胶

019 … 牛膝香菇煲瘦肉

019 … 天冬川贝瘦肉汤

020 … 虫草花干贝排骨汤

021 … 五指毛桃板栗排骨汤

022 … 太子参淮山排骨汤

023 … 甘草白萝卜汤

023 … 苦瓜红豆排骨汤

024 … 枸杞杜仲排骨汤

025 … 党参玉米猪骨汤

025 … 肉苁蓉黄精骨头汤

026 … 黄芪灵芝猪蹄汤

027 … 木瓜煲猪脚

027 … 莪术猪心汤

028 … 参芪陈皮煲猪心

029 … 猪苓薏米炖猪胰

029 … 桂枝炖羊肉

030 … 枸杞羊肉汤

031 … 桑寄生杜仲乌鸡汤

031 … 首乌党参红枣乌鸡汤

032 … 首乌核桃炖乌鸡

033 … 西洋参姬松茸乌鸡汤

034 … 西洋参虫草花炖乌鸡

035 … 黑木耳山药煲鸡汤

035 … 姬松茸茶树菇煲花胶

目录 Contents

036 … 干贝西洋参香菇鸡汤
037 … 当归黄芪响螺鸡汤
038 … 养神补气八宝汤
039 … 鲍鱼海底椰玉竹煲鸡
039 … 萝卜丝煲鲫鱼
040 … 金樱子鲫鱼汤
041 … 鸭血鲫鱼汤

041 … 川芎白芷鱼头汤
042 … 熟地炖甲鱼
043 … 红参淮杞甲鱼汤
043 … 枸杞海参汤
044 … 核桃虾仁汤
045 … 五色杂豆汤
046 … 红腰豆薏米雪梨汤

03 PART

益气补血汤，让你气血充盈

048 … 海马无花果瘦肉汤
049 … 太子参南枣益智仁汤
049 … 鸡骨草排骨汤
050 … 红枣果肉排骨汤
051 … 益母莲子汤
052 … 响螺片猴头菇健脾汤
053 … 益母草鱼腥草排骨汤
053 … 山药红枣煲排骨
054 … 党参薏米炖猪蹄
055 … 黄芪当归猪肝汤
055 … 莲子茯神炖猪心
056 … 灵芝木耳猪皮汤
057 … 金樱子黄芪牛肉汤
057 … 当归生姜羊元宝汤
058 … 姬松茸归芪补气汤
059 … 川芎黄芪红枣鸡汤
060 … 四君子汤

061 … 西洋参竹荪鸡汤
061 … 珍菌茯苓黄芪鸡汤
062 … 当归党参红枣鸡汤
063 … 鸡腿药膳汤
064 … 首乌黑豆五指毛桃煲鸡
065 … 灵芝石斛西洋参汤
066 … 核桃巴戟鸡汤
067 … 人参淮山当归乌鸡汤
067 … 当归首乌红枣汤
068 … 天麻黄精炖乳鸽
069 … 佛手黄精炖乳鸽
069 … 桂圆养血汤
070 … 绵茵陈煲鲫鱼汤
071 … 土茯苓鳝鱼汤
071 … 石斛花旗参炖龟
072 … 灵芝煎甲鱼
073 … 海参养血汤

073 … 黄花菜螺片汤

074 … 海底椰炖雪蛤油

075 … 生津补血牛蛙汤

075 … 三七丹参牛蛙汤

076 … 平菇山药汤

077 … 桂圆红枣补血糖水

078 … 银耳莲子马蹄羹

079 … 调经补血汤

079 … 红豆红糖年糕汤

080 … 红豆薏米美肌汤

04
PART

养心润肺汤，
让你心肺好，睡得香

082 … 瘦肉莲子汤

083 … 北沙参清热润肺汤

084 … 沙参玉竹雪梨银耳汤

085 … 鸡骨草雪梨煲瘦肉

086 … 党参麦冬五味子瘦肉汤

087 … 杏仁雪梨炖瘦肉

087 … 橄榄雪梨煲瘦肉汤

088 … 茅根瘦肉汤

089 … 石斛玉竹淮山瘦肉汤

089 … 霸王花罗汉果润肺汤

090 … 霸王花红枣玉竹汤

091 … 西洋参海底椰响螺汤

092 … 石斛百合舒压汤

093 … 健脾山药汤

093 … 白果覆盆子猪肚汤

094 … 猪蹄灵芝汤

095 … 远志菖蒲猪心汤

095 … 芡实莲子煲猪心

096 … 霸王花罗汉果煲猪肺

097 … 霸王花无花果煲猪肺

098 … 灵芝白玉羊肉汤

099 … 荷叶牛肚汤

099 … 苦瓜甘蔗枇杷汤

100 … 花胶干贝香菇鸡汤

101 … 核桃海底椰玉米鸡汤

101 … 三七花生参芪煲鸡

102 … 玉竹花胶煲鸡汤

103 … 二黄炖鸡

104 … 枣仁补心血乌鸡汤

105 … 何首乌黑豆煲鸡爪

105 … 玉竹白芷润肺汤

106 … 麦门冬煲老鸭

107 … 枇杷虫草花老鸭汤

107 … 杏仁虫草鹌鹑汤

108 … 党参当归炖鳝鱼

109 … 阿胶淮杞炖甲鱼

109 … 虫草海马小鲍鱼汤

110 … 射干麻黄汤

111… 红薯莲子银耳汤

112… 莲子百合安眠汤

113… 枣仁鲜百合汤

113… 百合雪梨养肺汤

114… 百合玉竹苹果汤

115… 川贝甘蔗汤

115… 燕窝莲子羹

116… 麦冬银耳炖雪梨

117… 金橘枇杷雪梨汤

118… 枇杷银耳汤

05 PART

保肝护肾汤，给肝肾更多关爱

120… 巴戟天猴头菇瘦肉汤

121… 巴戟杜仲健肾汤

122… 灵芝茯苓排骨汤

123… 三七板栗排骨汤

124… 山茱萸补骨脂排骨汤

125… 鸡屎藤猪骨汤

125… 党参豆芽尾骨汤

126… 当归炖猪心

127… 浮小麦猪心汤

127… 白术党参猪肘汤

128… 杜仲核桃炖猪腰

129… 桑寄生炖猪腰

129… 海马炖猪腰

130… 老黄瓜猪胰汤

131… 黄芪红枣牛肉汤

132… 杜仲牛尾补肾汤

133… 虫草炖牛鞭

133… 玫瑰湘莲百合银耳煲鸡

134… 海参干贝虫草煲鸡

135… 核桃虫草花墨鱼煲鸡

135… 川芎当归鸡

136… 西洋参黄芪养生汤

137… 花胶海参佛手瓜乌鸡汤

138… 三七牛膝杜仲煲乌鸡

139… 仙人掌乌鸡汤

139… 板栗枸杞鸡爪汤

140… 巴戟枸杞凤爪

141… 鸡肝菟丝子汤

141… 佛手鸭汤

142… 茯苓鸽子煲

143… 桑葚薏米炖乳鸽

143… 苦瓜鱼片汤

144… 党参生鱼汤

145… 固肾补腰鳗鱼汤

145… 茯苓黄鳝汤

146… 马蹄三七茅根汤

06
PART

美容养颜汤，让你越喝越漂亮

148 … 花胶响螺海底椰汤

149 … 茯苓山楂养肤瘦脸汤

150 … 花胶党参莲子瘦肉汤

151 … 丝瓜肉片汤

151 … 竹荪莲子丝瓜汤

152 … 霸王花雪梨煲瘦肉

153 … 雪梨银耳牛奶煲瘦肉

153 … 茅根甘蔗茯苓瘦肉汤

154 … 花胶白菜猪腱汤

155 … 山楂麦芽猪腱汤

156 … 清润八宝汤

157 … 四物汤

157 … 猪大骨海带汤

158 … 茯苓百合排骨汤

159 … 腐竹玉米马蹄汤

160 … 花胶玉竹淮山美肤汤

161 … 金银花茅根猪蹄汤

161 … 红枣薏米猪蹄汤

162 … 牛大力牛膝煲猪蹄

163 … 枸杞猪心汤

163 … 苍术冬瓜猪胰汤

164 … 胡萝卜牛尾汤

165 … 羊肉西红柿汤

165 … 枸杞黑豆炖羊肉

166 … 西洋参石斛麦冬乌鸡汤

167 … 芝麻润发汤

167 … 香附鱼鳔鸡爪汤

168 … 花生鸡爪节瓜汤

169 … 美白养颜汤

170 … 益母草鸡蛋汤

171 … 金钱草鸭汤

171 … 青葙子鱼片汤

172 … 郁金大枣鳝鱼汤

173 … 柴胡白术炖乌龟

173 … 枸杞牛膝煮绿豆

174 … 车前草红枣枸杞汤

175 … 决明子消脂瘦身汤

175 … 南瓜番茄排毒汤

176 … 番薯蜂蜜银耳羹

177 … 夏枯草黑豆汤

177 … 红豆薏米汤

178 … 经典美颜四红汤

179 … 祛痘祛斑汤

179 … 养颜燕窝汤

180 … 滋补枸杞银耳汤

181 … 红枣银耳补血养颜汤

181 … 银耳山药甜汤

182 … 清心养颜糖水

183 … 莲子枸杞花生红枣汤

183 … 枸杞玉米甜汤

184 … 蔓越莓桃胶银耳羹

07 PART

日常滋补汤，健康美丽保护神

186 … 茯苓百合养胃汤

187 … 决明子蔬菜汤

187 … 泽泻马蹄汤

188 … 香菇炖竹荪

189 … 薏米南瓜汤

189 … 甘蔗木瓜炖银耳

190 … 霸王花杏仁薏米汤

191 … 虫草花猴头菇竹荪汤

192 … 沙参玉竹海底椰汤

193 … 板栗玉米花生瘦肉汤

194 … 益母草红枣三七瘦肉汤

195 … 蚕豆瘦肉汤

195 … 菟丝子女贞子瘦肉汤

196 … 西洋参川贝苹果汤

197 … 木耳苹果红枣瘦肉汤

197 … 山楂麦芽消食汤

198 … 干贝茯神麦冬煲瘦肉

199 … 巴戟天排骨汤

200 … 淮山百合排骨汤

201 … 杜仲枸杞骨头汤

202 … 花生红枣木瓜排骨汤

203 … 芡实茯苓筒骨汤

203 … 棒骨补骨脂莴笋汤

204 … 酸枣仁养神筒骨汤

205 … 淮山板栗猪蹄汤

206 … 霸王花枇杷叶猪肚汤

207 … 车前草猪肚汤

207 … 白术淮山猪肚汤

208 … 天麻炖猪脑汤

209 … 桑叶猪肝汤

209 … 佛手元胡猪肝汤

210 … 玉米胡萝卜鸡肉汤

211 … 黄芪猴头菇鸡汤

211 … 鲍鱼沙参玉竹板栗煲鸡

212 … 虫草花西洋参鸡汤

213 … 养肝健脾神仙汤

214 … 花菇灵芝煲鸡腿

215 … 桑寄生连翘鸡爪汤

215 … 枳实淮山鸭汤

216 … 桂圆益智鸽肉汤

217 … 桂圆红枣银耳炖鸡蛋

217 … 陈皮红豆鲤鱼汤

218 … 芹菜鲫鱼汤

219 … 玉竹党参鲫鱼汤

219 … 泽泻鲫鱼汤

220 … 葛根赤小豆黄鱼汤

221 … 天麻川芎白芷鲢鱼汤

222 … 桂圆核桃鱼头汤

223 … 海带黄豆鱼头汤

223 … 红花鱼头豆腐汤

224 … 冬瓜雪梨谷芽鱼汤

225 … 人参螺片汤

226 … 薏米鳝鱼汤

227 … 红花当归炖鱿鱼

227 … 玉竹百合牛蛙汤

228 … 枸杞党参银耳汤

229 … 安神莲子汤

229 … 玉米须冬葵子赤豆汤

230 … 菊花枸杞叶绿豆汤

231 … 天麻红枣绿豆汤

232 … 响螺淮山枸杞汤

PART 01 最是滋补养生汤

　　"每顿一碗汤，胜过良药方。"这句民间俗话通俗易懂，就是告诉我们喝汤的好处。但很多人还是习惯只吃菜不喝汤，殊不知，这是健康饮食的一大误区。无论烧、焖、炖、煮，菜肴中的汤汁都蕴藏着来自食材的丰富的营养成分，弃之不喝既可惜又浪费。是时候改变这个饮食习惯了，跟随我们的步伐一起了解一下汤的奥秘吧！

煲汤"神器"一一举

　　一碗汤羹百般味，汤的香浓、汤的滋补，都是它倍受人们追捧的理由。汤可以说是我们生活中的好伙伴了。那么，对造就如此美味的"神器"，我们是不是也要关注一下呢？下面，让我们来认识一下它们。

汤锅

　　汤锅是家中必备的煲汤器具之一。有不锈钢和陶瓷等不同材质，可用于电磁炉。若要使用汤锅长时间煲汤，一定要盖上锅盖慢慢炖煮，这样可以避免过度散热。

砂锅

　　煲汤最好选择质地细腻、内壁洁白的砂锅，如果是新的砂锅，在使用前还应该先用它煮一下米汤，这样米汤水可以渗透到每一个微小缝隙中，将其填实，这样处理过的砂锅不易炸裂。

瓦罐

　　地道的老火靓汤煲制时多选用质地细腻的砂锅瓦罐。其保温性能好，但不耐温差变化，主要用于小火慢熬。新买的瓦罐锅底抹油放置一天后再洗净烧一次水，可使瓦罐的使用寿命更长。

高压锅

　　高压锅利用很高的工作压力，可将蒸煮的食物加热到100℃以上，并且能在相对短的时间内，将较难煲熟的食材煲煮熟。高压锅内的食材不可装得太满，一般不应超过锅高的四分之三。

漏勺

　　漏勺可用于食材的余水处理，多为铝制。煲汤时可用漏勺捞出余水的肉类食材，方便快捷。

滤网

　　做高汤时，常有一些油沫和残渣，滤网可以将这些细小的杂质滤出，让汤品美味又美观。

和喝汤的坏习惯说再见

煲汤进补是我们根深蒂固的观念，可能很多人觉得喝汤没什么讲究，想怎么喝就怎么喝，其实，这种想法是错误的，喝汤的讲究也有很多。

「只喝汤，不吃肉？你错啦！」

很多人认为炖排骨汤、鸡汤时，所有的营养都在汤内，所以就只喝汤，不吃肉。其实，这样是不对的，不管是哪种汤，就算是熬煮很长时间，汤很浓稠，汤的蛋白质也只有6%~15%，85%以上的蛋白质仍留在肉里。所以仅喝汤不吃肉会有很大的损失。

「用餐后才喝汤？是时候改正了！」

中国人的饮食习惯是先用餐，后喝汤，其实这是一种错误的喝汤习惯。而西方的出餐顺序一般是先喝汤，再用餐，这才是健康的喝汤习惯。因为先用餐的话，就可能是已经吃饱了，吃饱之后再喝汤，就容易导致营养过剩，造成肥胖，而且汤会冲淡胃液，影响食物的消化吸收。所以先喝汤比最后喝汤更健康，并且有助于减肥。

「喝汤速度快如电，还是慢慢品着来？」

如果喝汤速度很快，当意识到吃饱的时候，说不定已经吃过量了，这样容易导致肥胖。喝汤应该慢慢品味，这样不但可以充分享受汤的味道，也给食物的消化吸收留有充裕的时间，并且可提前产生饱腹感，不容易发胖。

「一顿好几碗，根本停不下来？歇歇吧！」

喝汤也是有忌讳的，不能什么汤都喝，也不能什么汤都多喝。如果汤的种类是高热量、高盐分、高嘌呤，就不能多喝，尤其是患有痛风、肾脏病及高血压的人，应避开这些汤。一般人吃饭时可缓慢少量喝汤，以胃部舒适为原则。

「喝滚烫的汤？受罪的是肠道！」

人的口腔正常温度在37℃左右，而人体的食管、胃黏膜能承受的最高温度，也只有60℃左右，超过此温度容易造成黏膜损伤，而且还应注意的是，爱喝热汤会增加罹患食道癌的风险。所以喝汤应该等汤稍凉再喝，这样可以保证身体不受疾病的威胁。

你知道哪些蔬菜最适合煲汤吗?

不少人煲汤前会在蔬菜的选择上犯愁,这是因为用蔬菜煲汤要求比较高,它得耐煮,不易变形,并且久煮后不会有异味,如果还能跟其他食材在营养和口味上互补,那就更完美了。那么,哪些蔬菜适合煲汤呢?

冬瓜

营养功效: 冬瓜含有矿物质、维生素等营养成分,具有清热解毒、利水消肿、减肥美容的功效。

选购窍门: 最好选择外形完整、无虫蛀、无外伤的新鲜冬瓜。

煲汤技巧: 冬瓜最好切大块,放入锅中和其他原材料慢火煲至熟烂;冬瓜煲汤最好带皮,因为皮中不仅含有多种维生素和矿物质,还有多种挥发性成分,具有消暑、健脾等保健功效。

白萝卜

营养功效: 白萝卜中含有大量的植物蛋白、维生素C和叶酸,摄入人体后可洁净血液和皮肤,同时还能降低胆固醇含量,有利于维持血管弹性。

选购窍门: 白萝卜以皮细嫩光滑,用手指轻弹,声音沉重、结实的为佳,如声音浑浊则多为糠心。

煲汤技巧: 白萝卜味道鲜甜,用来煲汤可以增加汤的鲜味,因此不可加太多调味料,以免影响汤的味道;白萝卜跟排骨、牛肉、羊肉、猪蹄等一起煲汤,不但补气顺气,还能减轻油腻感。如果不想白萝卜的辣味太重,煲汤时盖子别盖太严实。

莲藕

营养功效: 莲藕含葡萄糖、天冬碱、蛋白质、蔗糖、葫芦巴碱等,还有丰富的钙、磷、铁及多种维生素。莲藕具有滋阴养血的功效,可以补五脏之虚、强壮筋骨、补血养血。

选购窍门： 要选择两端的节很细、藕身圆而笔直、用手轻敲声音厚实、皮颜色为淡茶色、没有伤痕的莲藕。

煲汤技巧： 用莲藕煲汤时，最好切成大块，用小火慢煲至莲藕熟烂；长时间炖莲藕，最好选用陶瓷或不锈钢的器皿，避免用铁锅，以免其氧化变黑。

山药

营养功效： 山药含有淀粉酶、多酚氧化酶等物质，有利于提升脾胃的消化、吸收功能，是一味平补脾胃的药食两用之品。

选购窍门： 山药选购看须毛，同一品种的山药，须毛越多的越好，因为须毛越多的山药口感越佳，所含山药多糖也越多，营养自然更丰富。

煲汤技巧： 山药适合跟肉类一起煲汤，不但能使肉汤营养加倍，还有利于营养素的吸收。常跟山药搭配的肉类有排骨、牛肉、鸭肉、羊肉等。

玉米

营养功效： 玉米含蛋白质、糖类、钙、磷、铁、硒、镁、胡萝卜素、维生素E等营养素，具有开胃益智、宁心活血、调理中气等功效。玉米还能降低血脂，对于高血脂、动脉硬化、心脏病等患者有助益，并可延缓人体衰老、预防脑功能退化、增强记忆力。

选购窍门： 玉米以整齐、饱满、无缝隙、色泽金黄、表面光亮者为佳。

煲汤技巧： 煲汤时加入整根玉米或者将玉米切成小段熬煮即可。

海带

营养功效： 海带含有大量碘，能明显降低血液中胆固醇含量，常食有利于维持心血管系统的功能，使血管富有弹性，从而保障皮肤营养的正常供应。

选购窍门： 品质良好的干海带形体完整，叶片厚实。如果海带上有小孔洞或大面积的破损，就说明有被虫蛀或者是发霉变质的情况。海带的表面应当有一层白色的粉末，这是优质海带的标志；如果没有或很少，就说明是陈年旧货，最好不要买。

煲汤技巧： 海带可分别和豆腐、虾仁、排骨、花生、猪蹄等搭配煲汤，或者不搭配任何材料，直接用海带煲汤也是非常鲜美的。

每个主妇都有一个煲汤秘诀

既要使汤味鲜美，又要真正起到强身健体、防病抗病、增强体质的作用，在汤的制作和饮用时一定要注重科学，注意细节，那么有哪些事项是需要注意的呢？不妨来了解一下。

「好料出好汤」

俗话说"巧妇难为无米之炊"，如果想要煲出一锅美味与营养兼备的好汤，选料得当是关键。可以用来制汤的动物性原料很多，有鸡、鸭、猪瘦肉、猪蹄、猪骨、火腿、鱼类等，对这类原料最基本的要求就是鲜味足、异味小、血污少。肉类要先焯一下，去除肉中残留的血水才能保证煲出的汤色正。鸡要整只煲，可保证煲好的鸡肉细腻不粗糙。

蔬菜中的冬瓜、莲藕、白萝卜、香菇等，对于煲汤而言，都是不错的选择，而西蓝花、苦瓜等由于煮后有特殊味道，不适合煲汤。

另外，可根据个人身体状况选择适合的汤料。如身体火气旺盛，可选择绿豆、海带、冬瓜、莲子等清火、滋润类的汤料；如身体寒气过盛，那么就应选择热性食材作为汤料。

「合理用水」

水是煲汤的关键，它既是传热的介质，更是食物的溶剂。水温的变化、用量的多少，对汤的风味有着直接的影响。

人们在煲汤时容易犯的错误之一就是加水不够，导致中途加水，影响汤的风味。一般而言，煲汤时的水量至少为食材重量的3倍。同时，应使食材与冷水共同受热，不宜直接用沸水煨汤，如果中途确实需要加水，以热水为好，不要加冷水，以便食材中的营养物质缓慢地溢出，最终达到汤色清澈、营养丰富的效果。

「别乱加"料"」

不少人希望通过喝汤进补，因而在煲汤时会加入一些中药材。但不同的中药材药性各不相同，煲汤前，必须通晓中药材的寒、热、温、凉等个性。比如，西洋参性微凉，人参、当归、党参性温，枸杞性平。另外，要根据个人体质选择中药材。比如，身体寒气过盛的人，应选择当归、党参等性温的中药材，但体质热的人吃后可能会上火。因此，在煲汤时如果想要加中药材，最好根据自己的体质来。

「善用原汤、老汤，展现原汁原味」

多数原料本身都具有独特的鲜美滋味，这种滋味就叫本味，保持食物的本味是烹调的秘诀，而原汤、老汤中就包含了这种本味，所以煲汤时要善用原汤、老汤，没有原汤就没有原味。

原汤、老汤在煲汤中经常用到，如炖排骨前将排骨放入开水锅内氽水时所用之水，就是原汤。如嫌其浑浊而倒掉，就会使排骨失去原味，只有将这些水煮开除去浮沫污物后用来炖排骨，才能真正炖出原味。

「合理搭配，有益健康」

煲汤时食材的选择固然很重要，但是各种食材的搭配同样不可忽视。只有荤素相间搭配，才能让我们身体酸碱平衡。一般呈现出酸性的食材有：肉类、蛋类、鱼类、贝类、酒类等。呈现出碱性的食材有：蔬菜、水果以及豆制品、海带等。只有酸碱食物合理搭配，维持汤的酸碱平衡，才能在调节口味的同时，保证身体的健康。

其实，在日常生活中许多食物之间已经存在了固定的搭配模式，使营养素起到互补作用，即餐桌上的"黄金搭配"。例如，海带炖肉汤，酸性食品肉与碱性食品海带起"组合效应"，这是日本"长寿区"的"长寿食品"。但是为了使汤的口味纯正，一般不用多种动物食材同煨。

但是，需要注意，也有一些食材是不能一起煲汤的。比如，猪肉、菱角若共食，肚子会疼痛；牛肉、栗子一起吃，食后易呕吐；鸡肉、芹菜同食就会伤元气；人参和萝卜同食会积食滞气。所以，在选材搭配时要注意了。

「蔬菜煲汤要注意」

我们都知道，部分蔬菜中含有丰富的维生素C，但是一般来说，60~80℃的温度就会引起部分维生素的破坏，而煲汤使食物温度长时间维持在85~100℃，因此，若在汤中添加含维生素C的蔬菜，应该随放随吃，这样才能减少维生素C的破坏。

「调味料投放有学问」

制作老火靓汤时常用葱、姜、料酒、盐等调味料，主要起去腥、解腻、增鲜的作用。要先放葱、姜、料酒，最后放盐。如果过早放盐，就会使原料表面的蛋白质凝固，影响鲜味物质的溢出，同时还会破坏溢出蛋白质分子表面的水化层，使蛋白质沉淀，汤色灰暗。

汤中放入味精、香油、胡椒、姜、葱、蒜等调味品时，可使汤别具特色，但要注意用量不宜太多，以免影响汤的原味。

「要将汤面的浮沫打净」

打净浮沫是提高汤汁质量的关键。如煲猪蹄汤、排骨汤时，汤面常有很多浮沫出现，这些浮沫主要来自原料中的血红蛋白。水温达到80℃时，动物性原料内部的血红蛋白才不断向外溢出，此时汤的温度可能已达90～100℃，这时打浮沫最为适宜。可以先将汤上的浮沫舀去，再加入少许白酒，不但可分解泡沫，还能改善汤的色、香、味。

「火候、时间要适当」

无论是酒店里的美味珍馐，还是普通的家常便饭，都能见到汤的身影。但是，要想煲出一锅营养美味的汤，就要对煲汤的火候和时间有所了解。一般说的煲汤，多指长时间的熬煮，火候是成功的重要条件。煲的诀窍在于大火煲开，小火煲透。

大火：大火是以汤中央"起菊心——像一朵盛开的大菊花"为度，每小时消耗水量约20%。煲老火汤，主要是以大火煲开、小火煲透的方式来烹调。

小火：小火是以汤中央呈"菊花心——像一朵半开的菊花心"为准，每小时耗水量约10%。肉类原料经不同的传热方式受热以后，由表面向内部传递，称为原料自身传热。一般肉类原料的传热能力都很差，大都是热的不良导体。但由于原料性能不一，传热情况也不同。据实验：一条大黄鱼放入油锅内炸，当油温达到180℃，鱼的表面温度达到100℃左右时，鱼的内部温度却只有60～70℃。因此，在烧煮大块鱼、肉时，应先用大火烧开，再用小火慢煮，原料才能熟透入味，并达到杀菌消毒的目的。

至于煲汤时间，有个口诀就是"煲三""炖四"。因为煲与炖是两种不同的烹饪方式。煲是直接将锅放于炉上焖煮，约煮3小时以上；炖是以隔水蒸熟为原则，时间约为4小时以上。煲会使汤汁愈煮愈少，食材也较易于酥软散烂；炖汤则是原汁不动，汤头较清不浑浊，食材也会保持原状，软而不烂。

了解煲汤药材，养生更进一步

我们都知道，烫煲滋补养生。但是你知道么？如果再加入一些药材，不但可以大大提高汤的养生功效，还可以让食物更加美味可口。下面为你介绍一些常用的煲汤药材，告诉你可以煲汤的药材有哪些以及它们的功效。

当归

当归是尽人皆知的补血良药。相传古代云南边疆一青年上山采药，三年未归，其妻改嫁，后来青年归来，见其妻困顿，赠与她一味药材，让她换钱财，怎知她一心求死，自己胡乱吃了几天这种药材，脸上竟渐有血色，红润起来，后来人们记取青年药农当归而不归，将此药取名为"当归"。

党参

药界流传这样一句谚语："千斤参，万斤参，不如黄松背的一棵五花芯。"这里提到的五花芯就是指党参，党参性味甘平，归脾、肺经，有补中益气、健脾益肺的功效，入汤烹饪，对脾肺虚弱、气短心悸、食少便溏、虚喘咳嗽都有较好的食疗功效。

茯苓

茯苓归心、肺、脾、肾经，可以利水渗湿、健脾宁心。传说唐宋八大家之一的苏辙年少时体弱多病，夏天食欲不振，冬天则因为肺肾气虚而经常感冒、咳嗽，请了许多大夫，服了许多药物也未能根除，直到苏辙过了而立之年，服用茯苓一年之后，多年的疾病竟然消失得无影无踪。

淮山

淮山又名山药，可补中益气、壮阳滋阴、镇心安神、润肤养发、健脾胃、止泻痢。传说一个药农进山采药迷路，正当饥饿难忍、走投无路之时，一位老翁飘然而至，送给他两根山药解饥，从此，药农多日不饿，于是他把淮山的奇功妙用以及在山中的奇遇传遍了中原大地。

阿胶

中国古代的四大美女中，谁的皮肤最好呢？当然要数唐美人杨贵妃了。据说当年为了让皮肤细嫩光滑，杨贵妃每天都吃一道药膳，也是一个民间验方，叫"阿胶羹"。这里面的主料就是我们常说的阿胶。阿胶归肝、肺、肾经，可以补血、止血、滋阴、润燥，可谓天然的美容圣品。

调制美汤，你问我答

汤虽然味美，但是自己煲汤，就是按照书上说的去做，也总会遇到这样或者那样的问题，着实让人苦恼。下面，我们就煲汤过程中可能遇到的一些小问题探讨一下。

Q：煲汤时是热水还是冷水下料好？

A：冷水下料较好，因为热水会使蛋白质迅速凝固，不易出鲜味，也影响汤的营养。

Q：煲汤要加哪些香料，鸡精要吗？

A：大多数北方人认为煲汤要加香料，诸如葱、姜、花椒、大料、鸡精、料酒之类，事实上，从广东人煲汤的经验来看，喝汤讲究原汁原味，有些香料可以不放。如果真的需要，建议放一些简单的香料，如姜、葱足矣。

Q：煲汤是不是时间越久越好？

A：错！汤中的营养物质主要是氨基酸类，加热时间过长，会产生新的物质，营养反而被破坏了。一般鱼汤1小时左右，鸡汤、排骨汤3小时左右就足够了。

Q：汤虽滋补，但有些肥腻，怎么办？

A：汤煲好后关火，待冷却后，油浮在汤面，或凝固在汤面，用勺子除去，再煮开。

Q：为什么煲完汤的肉很柴？

A：这个可能是选料的问题，如果是纯瘦肉，煲汤后肉质会较粗糙。可以选半肥半瘦的肉，以及猪前腿的瘦肉，这些肉煲炖多个小时后肉质仍嫩滑可食。

Q：每次煲鱼汤，汤好了，鱼都没形了，怎么办？

A：煲鱼汤不能用氽水的方法，应先用油把鱼两面煎一下，鱼皮定结，就不易碎烂了，而且还不会有腥味。

Q：在饭店里喝的鱼汤、肉汤都像奶汁一样，感觉很滋补，可是我自己在家煲汤为什么总是达不到这个效果？

A：油与水充分混合才能做出奶汁的效果。做肉汤时要先用大火煮开，转小火煮透，再改大火。做鱼汤时要先用油煎透，然后加入沸水，用大火。还要注意水要一次加足，中间再补水，汤就泄了。

Q：菜谱上介绍煲汤时，总是说"将肉氽水"，这是什么意思？这样做有什么好处？

A：用鸡、鸭、排骨等肉类煲汤时，先将肉放在开水中煮一下，这个过程就叫作"氽水"。这样不仅可以除去血水，还能去除一部分脂肪，避免过于肥腻。

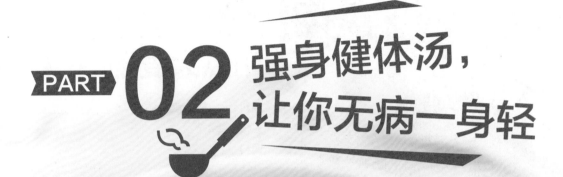

PART 02 强身健体汤，让你无病一身轻

古人认为"日出而作，日落而息"，这样才能保持健康的状态。今天，社会和生活都发生了天翻地覆的变化，人们很难做到古人那样，还要面对来自各方面有形无形的压力，故而身心透支，抵抗力下降。所以，增强体质是一项很重要的生命活动。健康学家建议，除了合理作息，更要健康饮食，喝汤是上好的选择。每天烹制、享受一碗靓汤，既简单又实惠，还能增强体质，让你远离亚健康甚至疾病，做一个真正健康之人。

扫一扫看视频

45分钟

增强抵抗力

南瓜大麦汤

原料： 去皮南瓜200克，水发大麦300克，去核红枣4个

调料： 白糖2克

烹饪小提示

选购南瓜时以新鲜，外皮红皮的为好，如果表面出现黑点，就不宜购买了。

做法

1 将洗净的南瓜切成粗条，再改切成小丁，待用。

2 砂锅中注入适量清水，倒入备好的大麦，再放入红枣。

3 加盖，用大火煮开后转小火续煮30分钟至食材熟透。

4 揭盖，倒入切好的南瓜，加盖，煮10分钟至熟软。

5 揭盖，放入白糖，搅拌至白糖全部溶化。

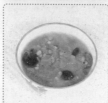

6 关火后盛出甜品汤，装入碗中即可。

川贝蛤蚧杏仁瘦肉汤

 182分钟　补虚益气

扫一扫看视频

原料： 川贝20克，甜杏仁20克，蛤蚧1只，瘦肉块200克，海底椰15克，陈皮5克，姜片少许

调料： 盐2克

做法

1 锅中注入适量清水并烧开，倒入瘦肉块，汆煮片刻，捞出，沥干水分，装盘待用。

2 砂锅中注水，倒入瘦肉块、蛤蚧、甜杏仁、陈皮、海底椰、川贝、姜片，拌匀。

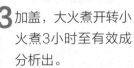

3 加盖，大火煮开转小火煮3小时至有效成分析出。

4 揭盖，加入盐，搅拌片刻至入味，关火，盛出煮好的汤，装入碗中即可。

天门冬胡萝卜汤

⏱ 62分钟　　🍲 强身健体

原料: 胡萝卜90克,猪瘦肉120克,天门冬15克
调料: 盐2克,鸡粉2克,白胡椒粉2克

扫一扫看视频

做法

1 洗净去皮的胡萝卜切滚刀块;处理好的瘦肉切成条,再切块。

2 锅中注入适量清水,大火烧开,倒入猪瘦肉,搅匀汆煮片刻,捞出,沥干水分。

3 砂锅注水并烧开,倒入猪瘦肉、胡萝卜、天门冬,拌匀,加盖,大火煮开后转小火煮1个小时。

4 揭盖,加入盐、鸡粉、白胡椒粉,拌入味,盛入碗中即可。

鸡骨草罗汉果马蹄汤

⏱ 182分钟　🍲 补虚

原料： 鸡骨草30克，去皮马蹄100克，罗汉果20克，瘦肉150克，水发赤小豆140克，雪梨150克，姜片少许

调料： 盐2克

做法

1 洗净的瘦肉切成块；洗好的雪梨去核，再切成块。

2 锅中注入适量清水并烧开，倒入瘦肉，汆煮片刻，捞出沥水，装盘待用。

3 砂锅中注水，倒入瘦肉、雪梨、马蹄、罗汉果、姜片、赤小豆、鸡骨草，拌匀。

4 加盖，大火煮开转小火煮3小时；揭盖，加入盐，拌至入味，盛出装碗即可。

灵芝玉竹麦冬汤

⏱ 120分钟　🍲 增强免疫力

原料： 灵芝20克，麦冬20克，玉竹15克，桂圆15克，枸杞25克，黑木耳25克，瘦肉150克

调料： 盐少许

做法

1 黑木耳浸泡30分钟；枸杞浸泡8~10分钟；桂圆肉、灵芝、麦冬、玉竹浸泡8~10分钟。

2 锅中注水并烧开，倒入瘦肉，搅匀汆煮去除杂质，捞出沥水。

3 锅中注入800～1000毫升清水，倒入瘦肉、黑木耳、干桂圆肉、灵芝、麦冬、玉竹，大火煮开转小火煮100分钟。

4 倒入枸杞，加盐，煮至入味，盛出即可。

扫一扫看视频

银耳白果无花果瘦肉汤

⏱ *182分钟*   增强体质

原料： 瘦肉200克，水发银耳80克，无花果4个，白果15克，杏仁15克，水发去芯莲子20克，淮山20克，水发香菇4个，薏米40克，枸杞10克，姜片少许

调料： 盐2克

做法

1 将洗净的瘦肉切成大块，待用。

2 锅中注入适量清水并烧开，倒入瘦肉，汆煮片刻，捞出，沥干水分，装盘待用。

3 砂锅注水，倒入瘦肉、银耳、白果、无花果、香菇、薏米、杏仁、姜片、淮山、莲子、枸杞。

4 拌匀，加盖，大火煮开转小火煮3小时至析出有效成分。

烹饪小提示

银耳受潮会发霉变质，如闻出酸味，则不宜食用。

5 揭开盖，加入盐，拌至入味，盛入碗中即可食用。

灵芝黄芪蜜枣瘦肉汤

⏱ 182分钟 🫕 补虚损

原料： 灵芝10克，黄芪10克，蜜枣5克，瘦肉150克，桂圆肉20克，姜片少许
调料： 盐2克

做法

1 将洗净的瘦肉切成块，待用。

2 锅中注水并烧开，倒入瘦肉，汆煮片刻，捞出，沥干水分，装盘待用。

3 砂锅注水，倒入瘦肉、桂圆肉、灵芝、蜜枣、黄芪、姜片，拌匀，加盖。

4 大火煮开后转小火煮3小时；揭盖，加盐拌匀入味，盛出装碗即可。

扫一扫看视频

巴戟党参炖花胶

⏱ 182分钟　🥘 增强体力

原料： 水发花胶50克，瘦肉100克，巴戟天15克，陈皮1片，枸杞15克，党参20克，姜片少许

调料： 盐2克

做法

1 将处理好的花胶切成段，待用；洗净的瘦肉切成块，待用。

2 锅中注水并烧开，倒入瘦肉，氽煮片刻，捞出，沥干水分，装盘备用。

3 砂锅中注水，倒入瘦肉、花胶、姜片、巴戟天、陈皮、枸杞、党参，加盖。

4 大火烧开转小火炖3小时，揭盖，加盐拌至入味，盛出即可。

扫一扫看视频

牛膝香菇煲瘦肉

🕐 32分钟　🍲 增强免疫力

原料： 西芹250克，瘦肉300克，高汤150毫升，香菇15克，葱段、姜片、牛膝、蒜末各少许

调料： 盐2克，鸡粉2克，料酒8毫升

做法

1 择洗好的西芹切小段；洗净的香菇切成厚片；处理干净的瘦肉切成薄片。

2 砂锅中注水烧热，倒入牛膝，大火煮15分钟，倒入瘦肉、西芹、香菇、葱段、姜片、蒜末。

3 倒入备好的高汤，加入料酒，盖上锅盖，大火煮15分钟，使食材熟透。

4 掀开锅盖，加入盐、鸡粉，搅匀调味，将煮好的汤盛出装入碗中即可。

扫一扫看视频

天冬川贝瘦肉汤

🕐 40分钟　🍲 补虚强身

原料： 天冬8克，川贝10克，猪瘦肉500克，蛋液15克，姜片、葱段各少许

调料： 料酒8毫升，盐2克，鸡粉2克，水淀粉3毫升

做法

1 处理干净的瘦肉切薄片，装入蛋液碗中，加入盐、4毫升料酒、水淀粉，搅匀腌渍片刻。

2 砂锅中注水烧开，倒入备好的川贝、天冬，盖上锅盖，大火煮30分钟至药性析出。

3 掀开锅盖，放入瘦肉、姜片、葱段，加入4毫升料酒、盐、鸡粉，续煮5分钟。

4 关火，将煮好的瘦肉汤盛出装入碗中即可。

扫一扫看视频

🕐 122分钟

🍲 强健体质

虫草花干贝排骨汤

原料： 虫草花10克，干贝10克，杜仲5克，枸杞15克，芡实20克，黑豆50克，排骨200克

调料： 盐2克

烹饪小提示

放入药材后，可将浸泡药材的水一起倒入砂锅中，食疗效果更佳。

做法

1 黑豆浸泡2小时，捞出，沥干装碟；杜仲、芡实浸泡10分钟，捞出，装盘。

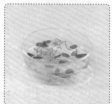

2 干贝浸泡10分钟，捞出，沥干装碟；虫草花、枸杞浸泡10分钟，捞出，装盘。

3 沸水锅中倒入洗净的排骨，氽煮一会儿去除血水和脏污，捞出，装盘待用。

4 砂锅注入1000毫升清水，倒入排骨，放入泡好的黑豆、干贝、杜仲、芡实，搅匀，加盖。

5 大火煮开后转小火续煮100分钟至熟透，揭盖，加入泡好的虫草花、枸杞，搅匀。

6 加盖，煮约20分钟至食材熟软，揭盖，加入盐调味，盛出装碗即可。

五指毛桃板栗排骨汤

⏱ 122分钟　🍲 补钙强身

扫一扫看视频

原料： 板栗肉200克，五指毛桃35克，排骨块350克，去芯莲子100克，桂圆肉50克，陈皮1片，姜片少许

调料： 盐2克

做法

1 锅中注入适量清水并烧开，倒入排骨块，汆煮片刻，捞出沥干水分，装盘备用。

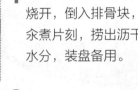

2 砂锅中注水，倒入排骨块、五指毛桃、板栗肉、莲子、桂圆肉、陈皮、姜片，搅拌均匀。

3 加盖，大火煮开转小火煮2小时至全部食材熟透。

4 揭盖，加入盐，稍做搅拌至食材入味，盛出煮好的汤，装入碗中即可。

太子参淮山排骨汤

⏱ 122分钟　　🫘 补气益脾

原料： 太子参15克，枸杞15克，淮山药20克，白扁豆25克，排骨200克，水1000毫升

调料： 盐2克

扫一扫看视频

做法

1 白扁豆浸水泡发2小时；枸杞浸水泡发10分钟；太子参、淮山药浸水泡发10分钟。

2 分别捞出泡好的食材，沥水装碟；沸水锅中倒入洗净的排骨，汆水捞出，沥水，装盘待用。

3 砂锅注入1000毫升水，倒入排骨和泡好的太子参、淮山药、白扁豆、煮开后转小火续煮100分钟。

4 加入泡好的枸杞，搅匀，煮约20分钟至枸杞熟软，加入盐调味，盛出装碗即可。

扫一扫看视频

甘草白萝卜汤

🕐 72分钟　🍵 补钙强身

原料： 水发小麦80克，排骨200克，甘草5克，红枣10克，白萝卜50克

调料： 盐3克，鸡粉2克，料酒适量

做法

1 洗净去皮的白萝卜切成条，再切成块，备用。

2 锅中注水并烧开，放入排骨，淋入适量料酒，略煮一会儿，汆去血水，捞出装盘。

3 砂锅中注水烧开，倒入排骨、甘草、小麦，大火煮开后转小火煮1小时至熟软。

4 放入白萝卜、红枣，淋入料酒，续煮10分钟至熟透，加盐、鸡粉调味，盛出即可。

扫一扫看视频

苦瓜红豆排骨汤

🕐 1~2小时　🍵 补充钙质

原料： 水发红豆30克，苦瓜块70克，猪骨100克，高汤适量

调料： 盐2克

做法

1 锅中注水并烧开，倒入洗净的猪骨，搅散，汆煮片刻，捞出，沥干水分，过一次冷水。

2 砂锅中倒入适量高汤，加入汆过水的猪骨，再倒入备好的苦瓜、红豆，搅拌片刻。

3 盖上锅盖，用大火煮15分钟后转中火煮1~2小时至食材熟软。

4 揭开锅盖，加入盐，拌至入味，盛出装碗，待稍微放凉即可食用。

扫一扫看视频

枸杞杜仲排骨汤

⏱ 122分钟　🥘 增强抵抗力

原料： 杜仲10克，黄芪10克，枸杞15克，红枣25克，党参8克，木耳25克，冬瓜块100克，排骨块200克

调料： 盐2克

做法

1 将杜仲、黄芪装入隔渣袋里系好，装碗，再放入红枣、党参，浸水泡发10分钟，取出。

2 枸杞浸水泡发10分钟，取出；木耳浸水泡发30分钟，取出；排骨氽水捞出。

3 砂锅中注水，倒入排骨块、冬瓜块、杜仲、黄芪、红枣、党参、木耳，拌匀，大火煮开转小火煮100分钟。

4 煮至有效成分析出，再放入枸杞，续煮20分钟至枸杞熟透，加入盐拌至入味，盛出即可。

扫一扫看视频

党参玉米猪骨汤

🕐 51分钟　　🍲 强身健体

原料： 猪骨350克，玉米200克，胡萝卜200克，红枣25克，姜片30克，枸杞5克，党参10克

调料： 盐2克，鸡粉2克，料酒16毫升

做法

1 洗净去皮的胡萝卜切成条，再切成丁；洗好的玉米切成小段，待用。

2 锅中注水并烧开，放入洗好的猪骨，淋入8毫升料酒，汆水捞出；砂锅中注水并烧开，放入党参、姜片、红枣、枸杞。

3 倒入猪骨，淋入8毫升料酒，烧开后用小火煮约30分钟，放入玉米、胡萝卜，搅拌均匀。

4 用小火再煮20分钟至食材熟透，加入盐、鸡粉，搅匀调味，盛出装碗即可。

扫一扫看视频

肉苁蓉黄精骨头汤

🕐 80分钟　　🍲 补钙

原料： 猪骨500克，白果60克，肉苁蓉15克，黄精10克，胡萝卜90克，姜片25克

调料： 料酒10毫升，盐2克，鸡粉2克

做法

1 洗净去皮的胡萝卜对半切开，切条，改切成小块，备用。

2 锅中注水并烧开，倒入洗净的猪骨，汆水捞出；砂锅中注水并烧开，倒入猪骨、肉苁蓉、黄精、姜片，淋入料酒。

3 烧开后用小火炖1小时至食材熟透，放入胡萝卜块、洗净的白果。

4 小火续炖20分钟至熟软，放入盐、鸡粉，煮至入味，盛出即可。

扫一扫看视频

黄芪灵芝猪蹄汤

🕐 123分钟　　🍖 强健腰腿

原料： 黄芪15克，灵芝10克，葛根25克，丹参10克，北沙参10克，小香菇30克，猪蹄200克，姜片少许

调料： 盐2克，料酒5毫升

做法

1 将黄芪、丹参装进隔渣袋里，放入清水碗中，加入灵芝、葛根、北沙参泡发；小香菇浸水泡发。

2 沸水锅中倒入洗净的猪蹄，加入料酒，汆水捞出；砂锅注水，放入猪蹄、隔渣袋、小香菇。

3 加入灵芝、葛根、北沙参、姜片，大火煮开后转小火续煮120分钟至食材有效成分析出。

4 揭盖，加入盐，搅匀调味，关火后盛出煮好的汤，装碗即可。

扫一扫看视频

木瓜煲猪脚

⏱ 81分钟　🍎 增强免疫力

原料： 猪脚块300克，木瓜270克，姜片、葱段各少许

调料： 料酒4毫升，盐、鸡粉各2克

做法

1 洗净去皮的木瓜切开，去瓤，再切条形，改切成块。

2 锅中注水并烧开，倒入洗好的猪脚块，淋入2毫升料酒，汆水捞出；砂锅中注水并烧热，倒入姜片。

3 中火煮沸，倒入猪脚，放入葱段，淋入2毫升料酒，烧开后用小火煲约1小时，倒入木瓜。

4 小火续煮约20分钟至熟透，加入盐、鸡粉调味，盛出即可。

扫一扫看视频

莪术猪心汤

⏱ 45分钟　🍎 补充蛋白质

原料： 猪心300克，莪术、姜片各少许

调料： 盐、鸡粉各2克，料酒5毫升

做法

1 洗净的猪心切薄片，备用。

2 锅中注水并烧开，放入猪心，淋入2毫升料酒，煮约1分钟，撇去浮沫，捞出。

3 砂锅中注水并烧开，倒入莪术、姜片、猪心，淋入3毫升料酒，烧开后用小火煮约40分钟至食材熟透。

4 加入盐、鸡粉，搅拌均匀，续煮片刻至食材入味，盛入碗中即可。

参芪陈皮煲猪心

⏱ 125分钟　🍲 滋阴补虚

原料： 猪心400克，瘦肉150克，胡萝卜200克，党参20克，黄芪15克，陈皮少许

调料： 盐3克

扫一扫看视频

做法

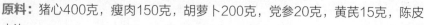

1 洗净去皮的胡萝卜切滚刀块；处理好的瘦肉切块；处理好的猪心切块。

2 锅中注水并烧开，倒入猪心，汆去血水杂质，捞出；再倒入瘦肉，去除血水杂质，捞出。

3 砂锅中注水并烧热，倒入猪心、瘦肉、胡萝卜块、党参、陈皮、黄芪，拌匀。

4 烧开后转小火煮2个小时至药性析出，加盐搅匀，盛出即可。

猪苓薏米炖猪胰

🕐 91分钟　🍲 健脾胃

原料： 猪胰200克，猪苓10克，薏米50克，姜片少许

调料： 盐、鸡粉各2克，胡椒粉1克，料酒15毫升

扫一扫看视频

做法

1 洗好的猪胰切块，再切成片。

2 锅中注水并烧开，倒入猪胰，淋入7毫升料酒，煮至沸腾，汆去血水，捞出，待用。

3 砂锅中注水并烧开，放入姜片、猪胰、薏米、猪苓，淋入8毫升料酒，烧开后用小火炖90分钟至熟透。

4 放入盐、鸡粉，拌匀调味，加入胡椒粉，拌匀，盛出汤品，装入碗中即可。

桂枝炖羊肉

🕐 62分钟　🍲 增强免疫力

原料： 羊肉片300克，桂枝5克，当归5克，干姜2克

调料： 盐2克，料酒10毫升，生抽3毫升

扫一扫看视频

做法

1 锅中注水并烧开，倒入洗净的羊肉，淋入5毫升料酒，汆去血水，捞出，沥干水分。

2 砂锅中注水并烧热，放入当归、羊肉、桂枝、干姜，淋入5毫升料酒。

3 盖上锅盖，大火烧开后转小火煮1小时至全部食材熟透。

4 揭开锅盖，加入生抽、盐，拌至入味，盛入碗中即可。

扫一扫看视频

枸杞羊肉汤

🕐 46分钟　　🍲 温补强身

原料： 羊肉片300克，枸杞5克，姜片、葱段各少许
调料： 盐2克，鸡粉2克，生抽3毫升，料酒10毫升

做法

1 锅中注水并烧开，倒入洗好的羊肉，淋入5毫升料酒，汆去杂质，捞出。

2 砂锅中注水并烧热，倒入羊肉、姜片、葱段，淋入5毫升料酒。

3 盖上锅盖，用大火烧开，再转中火煮约35分钟至全部食材熟软。

4 揭开锅盖，倒入枸杞，加入盐、鸡粉、生抽，续煮10分钟至食材入味，盛出即可食用。

扫一扫看视频

桑寄生杜仲乌鸡汤

⏱ 182分钟　🥘 补虚益肾

原料： 乌鸡块200克，红枣25克，桑寄生8克，杜仲10克，陈皮1片

调料： 盐2克

做法

1. 锅中注入适量清水并烧开，倒入乌鸡块，汆煮片刻。

2. 关火后捞出汆煮好的乌鸡块，沥干水分，装入盘中待用。

3. 砂锅中注入适量清水，倒入乌鸡块、红枣、桑寄生、杜仲、陈皮，拌匀。

4. 加盖，大火煮开转小火煮3小时至有效成分析出。

5. 揭盖，加入盐，稍做搅拌至入味。

6. 关火，盛出煮好的汤，装碗即可。

扫一扫看视频

首乌党参红枣乌鸡汤

⏱ 182分钟　🥘 增强免疫力

原料： 乌鸡块300克，党参20克，红枣4克，首乌20克，姜片少许

调料： 盐2克

做法

1. 锅中注入适量清水并烧开，倒入乌鸡块，汆煮片刻，捞出，沥干水分。

2. 砂锅中注水，倒入乌鸡块、党参、红枣、首乌、姜片，拌匀。

3. 加盖，大火煮开转小火煮3小时至有效成分析出。

4. 揭盖，加入盐，搅拌片刻至入味，关火，盛出煮好的汤，装入碗中即可。

扫一扫看视频

首乌核桃炖乌鸡

🕐 120分钟　　🍲 活血

原料： 乌鸡块250克，首乌15克，核桃仁20克，枸杞10克

调料： 盐3克

做法

1 锅中注水并烧开，倒入乌鸡块，汆煮片刻，捞出，沥干水分，装入盘中。

2 砂锅中注水并烧开，倒入乌鸡块、首乌、核桃仁、枸杞，搅拌均匀。

3 加盖，大火煮开转小火煮2小时至全部食材熟透。

4 揭盖，加入盐，稍做搅拌至食材入味。

烹饪小提示

若所选用的乌鸡肉较老，可适当延长烹煮的时间。

5 关火后盛出煮好的乌鸡汤，装入碗中即可食用。

西洋参姬松茸乌鸡汤

🕐 123分钟　🥢 消除疲劳

原料： 西洋参10克，太子参10克，莲子25克，姬松茸20克，红枣25克，茯苓10克，丹参10克，乌鸡200克

调料： 盐2克

做法

1 将丹参、茯苓装进隔渣袋中，与红枣、太子参、西洋参泡发10分钟；莲子泡发1小时。

2 姬松茸泡发10分钟；沸水锅中倒入洗净的乌鸡块，汆去血水，捞出。

3 砂锅中注入清水，倒入乌鸡块、莲子、姬松茸、红枣、太子参、西洋参和装有食材的隔渣袋。

4 加盖，煮120分钟，加入盐，搅匀调味，将煮好的乌鸡汤盛出，装碗即可。

扫一扫看视频

西洋参虫草花炖乌鸡

🕐 180分钟　　🍖 补虚劳

原料： 乌鸡300克，虫草花15克，西洋参8克，姜片少许

调料： 盐2克

做法

1 锅中注水并烧开，倒入备好的乌鸡块，煮去血水，捞出，沥干水分，待用。

2 砂锅中注入适量清水，大火烧热，倒入乌鸡、虫草花、西洋参、姜片，搅匀。

3 盖上锅盖，大火煮开后转小火煮3小时至食材熟透。

4 掀开锅盖，加入盐，搅匀调味，将煮好的鸡汤盛出，装入碗中即可。

扫一扫看视频

黑木耳山药煲鸡汤

🕐 120分钟　　🍲 补益强身

原料： 去皮山药100克，水发木耳90克，鸡肉块250克，红枣30克，姜片少许

调料： 盐、鸡粉各2克

做法

1 洗净的山药切滚刀块。
2 锅中注水并烧开，倒入洗净的鸡肉块，煮去血水，捞出，沥干水分。
3 取出电火锅，放入清水、鸡肉块、山药块、木耳、红枣和姜片。
4 加盖，将电火锅旋钮调至"高"挡，待鸡汤煮开，调至"低"挡，续炖100分钟。
5 揭盖，加入盐、鸡粉，搅拌调味，加盖，稍煮片刻，盛出即可。

扫一扫看视频

姬松茸茶树菇煲花胶

🕐 183分钟　　🍲 增强免疫力

原料： 水发姬松茸80克，水发茶树菇70克，水发花胶150克，水发响螺片90克，鸡肉块200克，青木瓜190克，姜片少许

调料： 盐2克

做法

1 洗净的青木瓜切块；洗好的响螺片切片；洗净的茶树菇切去根部；洗好的花胶切段。
2 锅中注水并烧开，倒入鸡肉块，汆煮片刻，捞出，沥干水分。
3 砂锅中注水，倒入青木瓜、响螺片、鸡肉块、茶树菇、姬松茸、姜片、花胶，拌匀。
4 加盖，大火煮开转小火煮3小时，加入盐，拌至入味即可。

扫一扫看视频

182分钟

增强体质

干贝西洋参香菇鸡汤

原料： 鸡肉块350克，冬瓜200克，水发香菇6个，水发干贝20克，陈皮1片，西洋参10克

调料： 盐2克

烹饪小提示

烹饪后再将鸡肉去皮，不仅可减少脂肪摄入，还可以保证鸡肉味道的鲜美。

做法

1 将洗净的冬瓜去瓤，再切成块，待用。

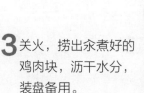

2 锅中注入适量清水，大火烧开，倒入鸡肉块，氽煮片刻。

3 关火，捞出氽煮好的鸡肉块，沥干水分，装盘备用。

4 砂锅中注入适量清水，倒入鸡肉块、冬瓜、干贝、陈皮、香菇、西洋参，拌匀。

5 加盖，大火煮开转小火煮3小时至析出有效成分。

6 揭盖，加入盐，搅拌片刻至入味，关火后盛出煮好的汤，装入碗中即可。

当归黄芪响螺鸡汤

 182分钟　 补虚

扫一扫看视频

原料： 乌鸡块400克，水发螺片50克，红枣30克，当归15克，黄芪15克，姜片少许

调料： 盐2克

做法

1 将洗净的螺片切成块，待用。

2 锅中注入适量清水并烧开，放入乌鸡块，汆煮片刻，捞出，沥干水分，装入盘中。

3 砂锅注水，倒入乌鸡、螺片、姜片、当归、黄芪、红枣，煮3小时。

4 加入盐，搅拌均匀至入味，关火后将煮好的鸡汤盛出，装入碗中即可。

养神补气八宝汤

 182分钟　增强抵抗力

原料： 鲍鱼1个，水发竹荪3条，水发响螺50克，水发百合80克，川贝5克，水发莲子30克，青木瓜150克，鸡肉块200克，姜片少许

调料： 盐2克

做法

1 洗净的青木瓜切成块，待用；洗好的响螺切成块，待用。

2 锅中注水并烧开，倒入鸡肉块，汆煮片刻，捞出，沥干水分，备用。

3 砂锅中注水，倒入鸡肉块、鲍鱼、响螺、青木瓜、竹荪、姜片、莲子、百合、川贝，拌匀。

4 加盖，大火煮开转小火煮3小时至食材熟透，加入盐，搅拌片刻至入味，盛出装碗即可。

鲍鱼海底椰玉竹煲鸡

⏱ 182分钟　🍲 补虚强身

原料： 鲍鱼1个，海底椰10克，玉竹6克，蜜枣5克，鸡肉块250克，姜片少许

调料： 盐2克

做法

1 锅中注水并烧开，倒入鸡肉块，汆煮片刻，捞出，沥干水分，装盘备用。

2 砂锅中注水，倒入鸡肉块、玉竹、海底椰、鲍鱼、蜜枣、姜片，拌匀。

3 加盖，大火煮开转小火煮3小时至全部食材熟透。

4 揭盖，加入盐，稍做搅拌至入味，盛出煮好的汤，装入碗中即可。

萝卜丝煲鲫鱼

⏱ 32分钟　🍲 增强抵抗力

原料： 鲫鱼500克，白萝卜150克，胡萝卜80克，姜丝、葱花各少许

调料： 盐3克，鸡粉2克，胡椒粉、料酒各适量

做法

1 洗净去皮的白萝卜切片，再切丝；洗好去皮的胡萝卜切片，再切丝。

2 砂锅中注入适量清水，放入处理好的鲫鱼，加入姜丝，淋入料酒，加盖，煮10分钟。

3 揭盖，倒入切好的胡萝卜、白萝卜，加盖，用小火续煮20分钟至食材熟透。

4 揭盖，加入盐、鸡粉、胡椒粉，拌匀盛出，装入碗中，撒上葱花即可。

扫一扫看视频

金樱子鲫鱼汤

⏱ 15分钟　🫕 增强体质

原料： 鲫鱼400克，金樱子20克，姜片、葱花各少许
调料： 料酒10毫升，盐3克，鸡粉3克，胡椒粉3克

做法

1 用油起锅，放入宰杀处理干净的鲫鱼，煎约3分钟至其两面呈焦黄色。

2 放入姜片，淋入料酒，加入适量开水，放入金樱子、盐、鸡粉，拌匀调味。

3 盖上锅盖，用小火焖煮约10分钟至食材熟透入味。

4 揭开锅盖，放入胡椒粉，搅拌均匀，关火后盛出煮好的汤料，撒上葱花即可。

鸭血鲫鱼汤

🕐 12分钟　☁ 强身健体

原料： 鲫鱼400克，鸭血150克，姜末、葱花各少许

调料： 盐2克，鸡粉2克，水淀粉4毫升，食用油适量

做法

1 将处理干净的鲫鱼剖开，切去鱼头、鱼骨，片下鱼肉；鸭血切成片。

2 在鱼肉中加入1克盐、鸡粉、水淀粉，拌匀，腌渍片刻。

3 锅中注水并烧开，加入1克盐，倒入姜末，放入鸭血、食用油，拌匀。

4 放入腌好的鱼肉，煮至熟透，撇去浮沫，盛出煮好的汤，装入碗中，撒上葱花即可。

川芎白芷鱼头汤

🕐 36分钟　☁ 增强免疫力

原料： 川芎10克，白芷9克，姜片20克，鲢鱼头350克

调料： 鸡粉2克，盐2克，料酒10毫升，食用油适量

做法

1 用油起锅，炒香姜片，倒入处理好的鱼头，煎至焦黄色，盛出。

2 砂锅中注水并烧开，放入川芎、白芷，加盖，用小火煮15分钟。

3 揭盖，放入煎好的鱼头，淋入料酒，加盖，用小火续煮20分钟。

4 揭盖，放入鸡粉、盐，拌匀，撇去浮沫，煮至食材入味，盛出煮好的汤，装入碗中即可。

扫一扫看视频

熟地炖甲鱼

🕐 22分钟　　🐾 滋补身体

原料： 甲鱼300克，熟地8克，枸杞5克，姜片少许
调料： 料酒7毫升，盐2克，鸡粉2克

做法

1 锅中注水并烧开，倒入甲鱼块，氽煮去血水，捞出，沥干水分，待用。

2 砂锅中注水并烧开，倒入甲鱼、枸杞、姜片、熟地，淋入料酒，搅拌片刻。

3 盖上锅盖，烧开后转小火炖20分钟至析出营养成分。

4 掀开锅盖，加入盐、鸡粉，搅匀调味，关火后将煮好的甲鱼汤盛入碗中即可。

扫一扫看视频

红参淮杞甲鱼汤

🕐 62分钟　🍲 增强免疫力

原料： 甲鱼块800克，桂圆肉8克，枸杞5克，红参3克，淮山2克，姜片少许

调料： 盐2克，鸡粉2克，料酒4毫升

做法

1 砂锅中注水并烧开，倒入姜片，放入红参、淮山、桂圆肉、枸杞。

2 再倒入洗净的甲鱼块，淋入料酒，盖上锅盖，用小火煮约1小时至其熟软。

3 揭开锅盖，加入盐、鸡粉，搅拌均匀，煮至食材入味。

4 将煮好的汤料盛出，装入碗中即可。

扫一扫看视频

枸杞海参汤

🕐 61分钟　🍲 促进发育

原料： 海参300克，香菇15克，枸杞10克，姜片、葱花各少许

调料： 盐2克，鸡粉2克，料酒5毫升

做法

1 砂锅中注水并烧热，放入海参、香菇、枸杞、姜片、料酒，搅拌片刻。

2 盖上锅盖，大火煮开后转小火煮1小时。

3 掀开锅盖，加入盐、鸡粉，搅拌均匀后煮开，使食材入味。

4 关火，将煮好的汤盛出，装入碗中，再撒上葱花即可。

扫一扫看视频

核桃虾仁汤

🕐 5分钟　　🐷 增强抵抗力

原料： 虾仁95克，核桃仁80克，姜片少许
调料： 盐、鸡粉各2克，白胡椒粉3克，料酒5毫升，食用油适量

做法

1 将深锅置于火上，注入适量食用油，放入姜片，爆香。

2 倒入备好的虾仁，淋入料酒，炒出香味。

3 注入适量清水，加上盖，煮约2分钟至清水沸腾。

4 放入核桃仁，加入盐、鸡粉、白胡椒粉，拌匀。

烹饪小提示

虾仁事先用料酒稍稍腌渍一会儿，可使汤品的口感更佳。

5 煮约2分钟至沸腾，关火后盛出煮好的汤，装入碗中即可。

五色杂豆汤

 132分钟　 增强免疫力

原料：水发黄豆80克，水发黑豆80克，水发绿豆80克，水发红豆70克，水发眉豆90克，蜜枣5克，陈皮1片

调料：冰糖30克

做法

1 砂锅中注入适量清水，倒入黑豆、红豆、黄豆、眉豆、绿豆、蜜枣、陈皮，搅拌均匀。

2 加盖，大火煮开转小火煮2小时至全部食材熟软。

3 揭盖，加入冰糖，搅拌均匀，加盖，续煮10分钟。

4 揭盖，搅拌片刻至入味，关火后盛出煮好的汤，装入碗中即可食用。

扫一扫看视频

红腰豆薏米雪梨汤

🕐 25分钟　　增强抵抗力

原料： 水发红腰豆30克，水发薏米30克，雪梨40克
调料： 冰糖适量

做法

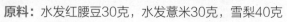

1 锅中注水并烧开，将切好的雪梨和洗好的薏米倒入锅中。

2 搅拌均匀，盖上锅盖，大火烧开后转中火煮20分钟。

3 揭开锅盖，倒入红腰豆，搅拌片刻，盖上锅盖，续煮5分钟至入味。

4 揭开盖子，倒入冰糖，搅拌片刻，使冰糖完全溶化，盛出，装入碗中即可。

PART 03 益气补血汤，让你气血充盈

　　随着年龄的增长，抑或是压力的增加，无论是女性还是男性，都会面临各种问题。通常，女性都会出现气血两虚、阴阳失调的症状；男性普遍会遇到肾气渐衰、营养性贫血的症状。这个时候，补血益气就显得尤为重要。本章针对气血不足的人群精选出了一类滋补汤，坚持饮用以调理身体，不久之后你就会发现，原来你也可以唤醒活力，找回最佳的状态！

扫一扫看视频

海马无花果瘦肉汤

⏱ 182分钟　　🍲 益气补血

原料： 瘦肉200克，红枣15克，枸杞15克，海马2只，淮山20克，无花果30克，姜片少许

调料： 盐2克

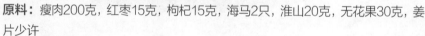

做法

1 将洗净的瘦肉切成块，待用。

2 锅中注水，大火烧开，倒入瘦肉，汆煮片刻，盛出，沥干水分，装盘。

3 砂锅中注入适量清水，倒入瘦肉、姜片、红枣、枸杞、海马、淮山、无花果，煮3小时至食材熟软。

4 揭盖，加入盐，搅拌片刻至入味，关火后盛出煮好的汤，装入碗中即可。

扫一扫看视频

太子参南枣益智仁汤

⏱ 182分钟　🥟 补血安神

原料：瘦肉150克，水发响螺片100克，枸杞18克，太子参15克，南枣15克，远志15克，益智仁10克，石菖蒲10克，姜片少许

调料：盐2克

做法

1. 洗净的瘦肉切块；水发的响螺片切块。
2. 锅中注水并烧开，倒入瘦肉块，汆煮片刻，捞出沥水；再倒入响螺块，汆煮片刻，捞出。
3. 砂锅中注水，倒入响螺片、瘦肉块、益智仁、太子参、远志、石菖蒲、南枣、姜片、枸杞，拌匀。
4. 加盖，大火煮开转小火煮3小时，揭盖，加入盐，拌至入味即可。

扫一扫看视频

鸡骨草排骨汤

⏱ 42分钟　🥟 补中益气

原料：排骨400克，鸡骨草30克，红枣40克，枸杞20克，葱段、姜片少许

调料：盐适量

做法

1. 锅中注水并烧开，倒入排骨，汆去血水，捞出，沥干水分，待用。
2. 砂锅中注入适量清水，大火烧热，倒入排骨、鸡骨草、红枣、枸杞、姜片、葱段，搅拌片刻。
3. 盖上锅盖，大火烧开后转中火煮40分钟。
4. 掀开锅盖，加入少许盐，搅匀调味，将煮好的汤盛入碗中即可。

扫一扫看视频

 125分钟

益精补血

红枣果肉排骨汤

原料： 苹果90克，雪梨110克，红枣25克，姜片少许，杏仁10克，排骨块260克
调料： 盐、鸡粉各2克

烹饪小提示

切好的苹果要放入清水中浸泡，以防氧化变黑，影响汤汁品质。

做法

1 洗净的雪梨切块，去核；洗好的苹果切块，去核。

2 将水壶放在电解养生壶座上，注入清水，倒入排骨块、雪梨、苹果、红枣、姜片、杏仁。

3 盖上壶盖，按下"开关"键通电，再按"功能"键，选定"煲汤"功能，煮2小时。

4 揭开壶盖，加入盐、鸡粉，搅拌几下。

5 再盖上壶盖，续煮片刻至食材入味。

6 汤煮成，按"开关"键断电，取下壶体，打开壶盖，盛出煮好的鸡汤，装碗即可。

益母莲子汤

⏱ 123分钟 🍲 益气补血

原料： 益母草15克，莲子25克，红枣25克，山楂25克，银耳30克，排骨块200克

调料： 冰糖适量

做法

1 益母草、莲子、红枣、山楂、银耳洗净，捞出；益母草装入隔渣袋中，系好。

2 红枣、山楂泡发10分钟，银耳泡发30分钟，莲子泡发1小时，备用。

3 将泡发好的银耳切去根部，切成小朵；沸水锅中放入排骨块，汆煮片刻，盛出，沥干水分。

4 砂锅注水并烧开，放入汤料、排骨块，煮105分钟，加冰糖，续煮15分钟至冰糖溶化，盛出即可。

扫一扫看视频

响螺片猴头菇健脾汤

🕐 *123分钟* 　 🫘 *健脾益气*

原料: 响螺片10克，猴头菇50克，枸杞15克，淮山药15克，蜜枣25克，白术8克，茯苓8克，筒骨200克

调料: 盐适量

做法

1 白术、茯苓装入隔渣袋内，浸水泡发10分钟；淮山药、枸杞浸水泡发10分钟。

2 响螺片、猴头菇浸水泡发30分钟；砂锅注水烧开，倒入筒骨，汆去血水，捞出。

3 砂锅中注入1000毫升清水，倒入筒骨、泡发滤净的响螺片、猴头菇、隔渣袋，加入蜜枣，将汤煮开。

4 倒入淮山药，煲煮100分钟，加入枸杞，续煮20分钟，放入少许的盐，搅匀调味，盛出即可。

扫一扫看视频

益母草鱼腥草排骨汤

🕐 182分钟　🍲 通经活血

原料： 苦瓜150克，排骨块250克，益母草10克，鱼腥草20克，姜片少许

调料： 盐3克

做法

1 洗净的苦瓜去瓤，切成块，加入1克盐，搅拌均匀，腌渍20分钟。

2 锅中注水并烧开，倒入排骨块，汆煮片刻，捞出，装盘备用。

3 往腌渍好的苦瓜中注入适量清水，捞出苦瓜，沥干水分，装盘待用。

4 砂锅注水，倒入排骨块、苦瓜、姜片、益母草、鱼腥草，拌匀，大火煮开转小火煮3小时至熟透，加入2克盐，拌至入味，盛出即可。

扫一扫看视频

山药红枣煲排骨

🕐 42分钟　🍲 益气补血

原料： 排骨95克，去皮山药块35克，红枣10克，枸杞少许

做法

1 沸水锅中倒入洗净的排骨，汆煮一会儿，至去除血水，捞出，沥干水分。

2 砂锅注水并烧开，倒入汆好的排骨、洗净的红枣、山药块、洗好的枸杞。

3 加盖，用大火煮开后转小火续煮40分钟至食材熟软。

4 揭盖，搅拌一下，关火后盛出煮好的汤，装碗即可。

党参薏米炖猪蹄

⏱ 62分钟　🍲 补血

原料： 猪蹄块350克，薏米50克，党参、姜片各少许
调料： 盐、鸡粉各2克，料酒少许

扫一扫看视频

做法

1 锅中注水并烧开，倒入洗净的猪蹄块，淋入少许料酒，汆去血水，捞出，待用。

2 砂锅中注水并烧开，倒入备好的党参、薏米、姜片，放入汆过水的猪蹄，淋入少许料酒。

3 盖上锅盖，烧开后用小火炖约1小时至食材熟透。

4 揭盖，加入盐、鸡粉，拌匀调味，盛出炖煮好的汤料，装入碗中即可。

扫一扫看视频

黄芪当归猪肝汤

🕐 *123分钟* 🍲 *补益精血*

原料：猪肝200克，党参20克，黄芪15克，当归15克，姜片少许

调料：盐2克，料酒适量

做法

1 洗净的猪肝切块。

2 锅中注入适量清水并烧开，倒入猪肝，淋入料酒，汆煮片刻，捞出猪肝，沥干水分。

3 砂锅中注入适量清水，倒入猪肝、姜片、党参、黄芪、当归，加盖，大火煮开转小火煮2小时。

4 揭盖，加入盐，搅拌片刻至入味，关火，盛出煮好的汤，装入碗中即可。

扫一扫看视频

莲子茯神炖猪心

🕐 *122分钟* 🍲 *养心补血*

原料：猪心200克，茯神10克，莲子15克，姜片少许

调料：盐2克，鸡粉2克，料酒适量

做法

1 洗净的猪心切片；锅中注水烧开，放入猪心，汆去血水，捞出，装盘。

2 锅中注水并烧开，放入盐、鸡粉、料酒，拌匀，煮至沸腾，调成汤汁。

3 把姜片放入炖盅，倒入汆过水的猪心，放入茯神、莲子，舀入汤汁。

4 用保鲜膜封好炖盅，放入烧开的蒸锅中，盖上锅盖，用小火炖2小时至食材熟透即可。

灵芝木耳猪皮汤

⏱ 42分钟   🐷 益气补血

原料： 水发木耳35克，胡萝卜75克，猪皮块85克，灵芝、桂圆肉各适量，姜片少许

调料： 盐、鸡粉各2克

做法

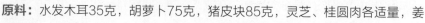

1 将洗净的木耳切小块；洗好的胡萝卜切条形，用斜刀切块，备用。

2 砂锅中注水并烧开，倒入灵芝、桂圆肉、木耳、胡萝卜、猪皮、姜片，拌匀。

3 盖上锅盖，大火烧开后用小火煮约40分钟至食材熟透。

4 揭盖，加入盐、鸡粉，拌匀调味，关火后盛出煮好的汤料，装入碗中即可。

扫一扫看视频

金樱子黄芪牛肉汤

🕐 31分钟　　补气固表

原料： 牛肉300克，金樱子20克，黄芪15克，姜片少许

调料： 料酒20毫升，盐2克，鸡粉2克

做法

1. 处理干净的牛肉切成片。
2. 锅中注水，放入牛肉片，淋入10毫升料酒，拌匀，煮至沸腾，汆去血水，捞出。
3. 砂锅中注水并烧开，放入姜片、金樱子、黄芪，倒入汆过水的牛肉片，加入料酒，煮30分钟至熟透。
4. 放入盐、鸡粉，拌匀调味，关火后把煮好的汤料盛出，装入碗中即可。

扫一扫看视频

当归生姜羊元宝汤

🕐 93分钟　　补血和血

原料： 羊元宝140克，当归10克，姜片少许

调料： 盐适量，鸡粉、胡椒粉各2克

做法

1. 将洗净的羊元宝切开，再切小块。
2. 锅中注水烧开，放入切好的羊元宝，汆煮一会儿，去除血水后捞出，沥干水分。
3. 砂锅中注水并烧开，倒入汆过水的羊元宝，放入姜片、洗净的当归，搅匀。
4. 盖上锅盖，转小火煮约90分钟，加入盐、鸡粉、胡椒粉，续煮至入味，盛出即可。

扫一扫看视频

姬松茸归芪补气汤

⏱ *122分钟* 🫕 *益气补血*

原料： 黄芪15克，当归10克，红枣25克，百合25克，姬松茸15克，鸡肉块200克

调料： 盐2克

做法

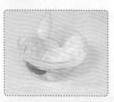

1 当归、黄芪装入隔渣袋里，装入碗中，再放入红枣，倒入清水泡发10分钟，取出。

2 姬松茸加清水泡发10分钟后取出；百合加清水泡发20分钟后取出。

3 锅中注水并烧开，放入鸡肉块，汆煮片刻，捞出，沥干水分，备用。

4 砂锅中注水，倒入鸡肉块、当归、黄芪、姬松茸、红枣，焖煮100分钟。

烹饪小提示

当归味道比较重，可以少放一些。

5 放入百合，续煮20分钟至百合熟，加入盐，搅拌至入味，盛出即可。

川芎黄芪红枣鸡汤

123分钟　活血行气

扫一扫看视频

原料： 川芎10克，红枣25克，黄芪15克，枸杞15克，小香菇25克，土鸡块200克

调料： 盐2克

做法

1 将川芎、红枣、黄芪和枸杞、小香菇分别洗净，用适量清水泡发，备用。

2 锅中注水并烧开，放入土鸡块，汆去血渍后捞出，沥干水分。

3 砂锅中注入1000毫升水，倒入土鸡块，放入泡发好的川芎、红枣、黄芪和小香菇，煲约100分钟。

4 倒入泡好的枸杞，续煮约20分钟，放入盐调味，略煮一小会儿即可。

扫一扫看视频

四君子汤

⏱ 122分钟 🍲 健脾益气

原料: 党参10克,白术10克,茯苓10克,甘草15克,筒骨200克
调料: 盐2克

做法

1 白术、茯苓、甘草装入隔渣袋,放入装有清水的碗中,浸泡10分钟,取出。

2 锅中注水并烧开,倒入筒骨,汆煮去除血水,捞出,沥干水分,待用。

3 锅中注入1000毫升清水,倒入筒骨,放入泡发好的隔渣袋、党参,加盖,煮2小时。

4 揭盖,加入盐,搅匀调味,盛出,装入碗中即可。

扫一扫看视频

西洋参竹荪鸡汤

⏱ 152分钟　🍲 保护心血管

原料： 鸡肉300克，水发竹荪160克，西洋参5克，党参15克，红枣20克，淮山25克，桂圆肉少许

调料： 盐3克

做法

1 锅中注水并烧热，倒入洗净的鸡肉块，汆约2分钟，捞出，沥干水分，待用。

2 砂锅中注水并烧热，倒入鸡肉块、竹荪、西洋参、淮山、桂圆肉、红枣和党参，拌匀。

3 盖上锅盖，烧开后转小火煮约150分钟，至食材熟透。

4 揭盖，加入盐，拌匀调味，略煮一会儿，至汤汁入味，盛出，装在碗中即可。

扫一扫看视频

珍菌茯苓黄芪鸡汤

⏱ 183分钟　🍲 温中益气

原料： 鸡肉块350克，水发猴头菇150克，水发香菇80克，水发茶树菇100克，黄芪30克，茯苓30克，枸杞20克，姜片少许

调料： 盐2克

做法

1 洗净的猴头菇切去根部，再切成块；洗好的茶树菇切去根部，再切成段。

2 锅中注水并烧开，倒入鸡肉块，汆煮片刻，捞出，沥干水分。

3 砂锅注水，倒入鸡肉块、猴头菇、茶树菇、香菇、黄芪、茯苓、枸杞、姜片，拌匀。

4 加盖，大火煮开转小火煮3小时至食材熟透，揭盖，加入盐，拌至入味，盛出即可。

扫一扫看视频

130分钟

补血安神

当归党参红枣鸡汤

原料： 当归15克，党参15克，红枣25克，枸杞10克，牛膝8克，桃仁15克，土鸡块200克

调料： 盐2克

烹饪小提示

枸杞的泡发时间可短一些，煮熟后味道会更清甜；用鸡炖汤，加鸡血，汤就会转浊为清。

做法

1 红枣、党参、当归以及桃仁、牛膝洗净泡发约10分钟；枸杞洗净后泡发约10分钟，待用。

2 锅中注入适量清水并烧开，放入洗净的土鸡块，搅匀，汆去血渍后捞出，沥干水分，备用。

3 砂锅中注入1000毫升水，倒入土鸡块、红枣、党参、当归、桃仁、牛膝，搅散。

4 盖上锅盖，大火烧开后转小火煲煮约100分钟，至食材熟软。

5 揭盖，倒入泡好的枸杞，搅匀，再盖上盖，用小火续煮约20分钟。

6 揭盖，放入盐，拌匀调味，略煮一小会儿，关火后盛入碗中即可。

鸡腿药膳汤

🕐 132分钟　益气补血

原料： 鸡腿肉195克，党参34克，蜜枣75克，水发薏米70克，姜片少许
调料： 盐、鸡粉各2克，胡椒粉3克

扫一扫看视频

做法

1 深锅中注入适量清水，大火烧开，倒入鸡腿肉，氽煮片刻，捞出，沥干水分，装入盘中待用。

2 深锅中注入适量清水并烧开，放入鸡腿肉、姜片、蜜枣、党参、薏米，拌匀。

3 加盖，大火煮开转小火煮130分钟。

4 揭盖，加入盐、鸡粉、胡椒粉，稍做搅拌至入味，盛出煮好的汤料即可。

扫一扫看视频

首乌黑豆五指毛桃煲鸡

⏲ 182分钟　☁ 滋阴补血

原料： 乌鸡块350克，核桃仁30克，水发黑豆80克，五指毛桃40克，首乌15克，姜片少许

调料： 盐3克

做法

1 锅中注入适量清水并烧开，倒入乌鸡块，汆煮片刻。

2 关火后捞出汆煮好的乌鸡块，沥干水分，装盘备用。

3 砂锅中注水，倒入乌鸡块、五指毛桃、核桃仁、黑豆、首乌、姜片，拌匀。

4 加盖，大火煮开后转小火煮3小时。

烹饪小提示

核桃仁表面的膜具有很高的营养价值，所以不宜剥掉。

5 揭盖，加入盐，搅拌至入味，关火后将煮好的汤品盛出，装入碗中即可。

灵芝石斛西洋参汤

🕐 123分钟　　🍲 益气补血

扫一扫看视频

原料： 灵芝15克，石斛8克，西洋参15克，红枣25克，茯苓10克，麦冬10克，乌鸡块200克

调料： 盐2克

做法

1 将茯苓、石斛装进隔渣袋里，再放入清水碗中，加麦冬、灵芝、西洋参，泡发10分钟。

2 沸水锅中倒入洗净的乌鸡块，汆煮去血水，捞出，沥干水分，装盘待用。

3 砂锅中注入1000毫升水，倒入乌鸡块、麦冬、红枣、灵芝、西洋参，放入装有茯苓、石斛的隔渣袋。

4 加盖，煮120分钟，揭盖，加入盐，搅匀调味，盛出煮好的汤，装碗即可。

扫一扫看视频

核桃巴戟鸡汤

⏱ 122分钟　🫘 益气

原料： 巴戟天6克，党参10克，核桃15克，枸杞25克，黑豆30克，小香菇25克，土鸡块200克

调料： 盐适量

做法

1 黑豆浸水泡发2小时；小香菇浸水泡发30分钟；枸杞浸水泡发10分钟。

2 将巴戟天装入隔渣袋，再放入装有清水的碗中，泡发10分钟；党参加清水浸泡10分钟。

3 锅中注入1000毫升水烧开，倒入土鸡块，汆煮去除杂质，捞出；砂锅中注入清水，倒入土鸡块。

4 放入小香菇、核桃、党参、隔渣袋、黑豆，煮100分钟，倒入枸杞，煮20分钟，加盐调味即可。

人参淮山当归乌鸡汤

⏱ 152分钟　🍲 益气补血

原料： 乌鸡块350克，人参25克，淮山、当归各少许，姜片8克

做法

1 锅中注水并烧开，倒入乌鸡块，大火汆约2分钟，捞出，沥干水分，待用。

2 砂锅中注水并烧热，倒入汆过水的乌鸡块，放入淮山、人参、当归，撒上姜片，拌匀。

3 盖上锅盖，烧开后转小火煮约150分钟，至食材熟透。

4 揭盖，搅拌一会儿，关火后盛出煮好的乌鸡汤，装在碗中，稍微冷却后即可饮用。

当归首乌红枣汤

⏱ 92分钟　🍲 补血

原料： 红枣20克，当归15克，首乌15克，去壳熟鸡蛋2个
调料： 盐、鸡粉各2克

做法

1 砂锅中注入适量清水，大火烧开，倒入洗净的红枣、首乌、当归，搅拌均匀。

2 盖上锅盖，大火煮开后转小火煮1个小时至析出有效成分。

3 掀开锅盖，倒入熟鸡蛋，盖上锅盖，续煮半个小时至熟透。

4 掀开锅盖，加入盐、鸡粉，搅拌片刻至入味，将煮好的汤盛入碗中即可。

扫一扫看视频

扫一扫看视频

天麻黄精炖乳鸽

⏱ 62分钟　🥘 补脾益气

扫一扫看视频

原料： 天麻10克，黄精12克，枸杞8克，姜片25克，乳鸽1只
调料： 料酒20毫升，盐2克，鸡粉2克

做法

1 锅中注水并烧开，放入处理干净的乳鸽，淋入10毫升料酒，汆去血水，捞出乳鸽，沥干水分。

2 砂锅中注入适量清水并烧开，倒入天麻、黄精、枸杞，撒入姜片，放入乳鸽，淋入10毫升料酒。

3 盖上锅盖，烧开后用小火炖1小时；至食材熟烂。

4 揭开锅盖，加入盐、鸡粉，拌匀，关火后盛出煮好的汤料，装入碗中即可。

佛手黄精炖乳鸽

🕐 85分钟　🍲 补血养颜

原料： 乳鸽块350克，姜片25克，佛手、黄精、枸杞各少许
调料： 盐2克，鸡粉2克，料酒适量

做法

1 锅中注水并烧开，倒入洗净的乳鸽块，氽去血渍，淋入料酒，拌匀捞出，沥干水分。

2 砂锅中注水并烧开，倒入乳鸽块，加入黄精、佛手、枸杞，用大火煮沸。

3 放入姜片，盖上锅盖，煮开后用小火煮1小时。

4 揭盖，加入盐、鸡粉、料酒，拌匀，续煮20分钟，拣出姜片、黄精、佛手即可。

桂圆养血汤

🕐 23分钟　🍲 益气补血

原料： 桂圆肉30克，鸡蛋1个
调料： 红糖35克

做法

1 将鸡蛋打入碗中，搅散。

2 砂锅中注水并烧开，倒入桂圆肉，搅拌均匀，盖上锅盖，用小火煮约20分钟，至桂圆肉熟软。

3 揭盖，加入红糖，搅拌均匀，倒入鸡蛋，边倒边搅拌，继续煮约1分钟，至汤入味。

4 关火后盛出煮好的汤，装在备好的碗中即可。

绵茵陈煲鲫鱼汤

扫一扫看视频

🕐 25分钟　　益气健脾

原料： 鲫鱼200克，蜜枣30克，绵茵陈30克，姜片少许
调料： 盐2克，料酒少许，食用油适量

做法

1 热锅注油，放入处理好的鲫鱼，煎至两面呈微黄色。

2 放入姜片，加入料酒，注入适量清水，放入蜜枣、绵茵陈。

3 加盖，大火煮开转小火煮20分钟。

4 揭盖，加入盐，拌匀入味，关火后盛出煮好的汤，装入备好的碗中即可。

扫一扫看视频

土茯苓鳝鱼汤

⏱ 21分钟　🍲 补中益血

原料： 鳝鱼段300克，土茯苓、赤芍、姜片、当归各少许

调料： 料酒适量，盐、鸡粉各2克

做法

1 砂锅中注入适量清水并烧热，倒入备好的土茯苓、赤芍、姜片、当归。

2 放入鳝鱼段，淋入料酒，盖上锅盖，烧开后用小火煮约20分钟。

3 揭开锅盖，加入盐、鸡粉、料酒，拌匀调味，关火后盛出煮好的汤料即可。

扫一扫看视频

石斛花旗参炖龟

⏱ 102分钟　🍲 补气养血

原料： 乌龟块300克，石斛、花旗参、枸杞各少许

调料： 盐2克，鸡粉少许，生抽3毫升，料酒6毫升

做法

1 锅中注水并烧开，倒入洗净的乌龟块，淋入3毫升料酒，氽去血渍，捞出，沥干水分。

2 砂锅中注水并烧热，放入洗净的石斛、氽好的乌龟块、花旗参、枸杞，淋上3毫升料酒。

3 加盖，烧开后用小火煮约100分钟，至食材熟透。

4 揭盖，加入盐、鸡粉，淋入生抽，拌匀调味，转大火略煮，至汤汁入味即可。

扫一扫看视频

灵芝煎甲鱼

⏱ 62分钟　🍲 益气

原料： 甲鱼块450克，灵芝、火腿、姜片各少许

调料： 盐、鸡粉各2克，料酒、食用油各适量

做法

1 锅中注水并烧开，倒入甲鱼块，汆去血渍，淋入少许料酒，去除腥味，捞出。

2 用油起锅，倒入甲鱼块，炒干水分，淋入适量料酒，炒香，盛出，待用。

3 砂锅中注水并烧开，放入灵芝、火腿、姜片，倒入甲鱼块，淋入料酒，拌匀。

4 加盖，烧开后用小火煮约1小时，揭盖，加入盐、鸡粉，煮至入味，盛出即可。

扫一扫看视频

海参养血汤

⏱ 92分钟　🍲 养血润燥

原料： 猪骨450克，红枣15克，花生米20克，海参200克

调料： 盐、鸡粉各2克，料酒适量

做法

1 锅中注水并烧开，倒入猪骨，淋入料酒，略煮，捞出，装入盘中。

2 砂锅中注水并烧开，倒入花生米、红枣，放入氽过水的猪骨，加入切好的海参。

3 盖上锅盖，用大火烧开后转小火煮90分钟，至食材熟透。

4 揭盖，淋入少许料酒，放入盐、鸡粉，拌匀，盛出即可。

扫一扫看视频

黄花菜螺片汤

⏱ 22分钟　🍲 养血平肝

原料： 水发黄花菜10克，水发螺片30克，姜片少许

调料： 盐3克，鸡粉2克

做法

1 洗好的螺片切成片，备用。

2 砂锅中注入适量清水，倒入备好的螺片、姜片、黄花菜。

3 盖上锅盖，用大火煮开后转小火煮20分钟至食材熟透。

4 揭盖，放入盐、鸡粉，拌匀调味，关火后盛出煮好的汤料，装入备好的碗中即可。

扫一扫看视频

海底椰炖雪蛤油

⏱ 32分钟　🫘 益气补血

原料： 海底椰70克，杏仁50克，水发雪蛤油75克，枸杞30克
调料： 冰糖50克

做法

1 砂锅中注入适量清水，倒入备好的海底椰、杏仁、枸杞、雪蛤油，拌匀。

2 加盖，大火煮开后转小火煮20分钟至食材熟透。

3 揭盖，加入冰糖，拌匀，加盖，续煮10分钟至冰糖溶化。

4 揭盖，稍做搅拌至入味，关火后盛出煮好的汤，装入备好的碗中即可。

扫一扫看视频

生津补血牛蛙汤

🕐 44分钟　🍲 生津补血

原料： 牛蛙200克，天冬、麦冬、黄花、太子参、熟地各2克，姜片少许

调料： 盐、鸡粉各2克

做法

1 砂锅中注入适量清水，倒入备好的天冬、麦冬、黄花、太子参、熟地，撒入姜片。

2 盖上锅盖，用大火煮开后转小火续煮20分钟，揭盖，捞出药材。

3 倒入切好的牛蛙，拌匀，盖上锅盖，用大火煮开后转小火煮20分钟。

4 揭盖，加入盐、鸡粉，拌匀，关火后盛出煮好的汤料，装入碗中即可。

扫一扫看视频

三七丹参牛蛙汤

🕐 122分钟　🍲 活血化瘀

原料： 牛蛙250克，三七15克，丹参15克，蜜枣10克，姜片少许

调料： 盐2克

做法

1 锅中注水并烧开，倒入牛蛙，汆煮片刻，捞出，沥干水分，装入盘中。

2 砂锅中注水，倒入牛蛙、三七、丹参、蜜枣、姜片，拌匀。

3 加盖，大火煮开转小火煮2小时至全部食材熟透。

4 揭盖，加入盐，稍做搅拌至入味，盛出煮好的汤，装入碗中即可。

扫一扫看视频

⏱ 8分钟

🫃 补脾益气

平菇山药汤

原料： 平菇100克，香菇100克，山药块90克，高汤适量，葱花少许

调料： 盐2克，鸡粉2克

烹饪小提示

新鲜山药切开时会有黏液，极易滑刀伤手，可以先用清水加少许醋清洗，这样可减少黏液。

做法

1 锅中注入适量高汤，大火烧开，放入备好的山药块。

2 倒入洗净切块的平菇和香菇，拌匀。

3 用大火烧开，转中火煮约6分钟至全部食材熟透。

4 加入盐，放入鸡粉，调味。

5 拌煮片刻至入味。

6 关火后盛出煮好的汤料，装入碗中，再撒上葱花即可。

桂圆红枣补血糖水

⏱ 50分钟　　🫘 益气补血

扫一扫看视频

原料： 桂圆肉25克，枸杞15克，红枣25克，蜜枣20克
调料： 冰糖适量

做法

1 将桂圆肉、枸杞、红枣、蜜枣倒入装有清水的碗中，洗净，装入碗中。

3 掀开锅盖，加入适量冰糖，搅匀调味。

2 锅中注入1000毫升清水，倒入清洗好的食材，盖上锅盖，大火煮开转小火煮40分钟。

4 盖上锅盖，继续煲煮10分钟，将甜汤盛出，装入备好的碗中即可食用。

扫一扫看视频

银耳莲子马蹄羹

⏱ 72分钟　🫕 滋阴补血

原料： 水发银耳150克，去皮马蹄80克，水发莲子100克，枸杞15克
调料： 冰糖40克

做法

1 将洗净的马蹄切成碎粒；洗净的莲子切开，待用。

2 砂锅中注水并烧开，倒入马蹄、莲子、银耳，加盖，大火煮开转小火煮1小时至食材熟透。

3 揭盖，加入冰糖、枸杞，拌匀。

4 加盖，续煮10分钟至冰糖溶化，揭盖，拌至入味即可。

调经补血汤

⏱ 43分钟　☁ 调经补血

原料： 水发银耳250克，红枣50克
调料： 白糖15克

做法

1 泡好洗净的银耳切去黄色根部，改刀切成小块，待用。

2 砂锅中注水并烧开，倒入切好的银耳，加入红枣，拌匀。

3 盖上锅盖，用大火煮开后转小火续煮40分钟至熟软。

4 揭盖，加入白糖，拌匀至溶化，关火后盛出煮好的甜汤，装碗即可。

红豆红糖年糕汤

⏱ 32分钟　☁ 益气补血

原料： 红豆50克，年糕80克
调料： 红糖40克

做法

1 锅中注水并烧开，倒入洗净的红豆。

2 盖上锅盖，用小火煮15分钟至红豆熟软；把年糕切成小块。

3 揭开锅盖，倒入切好的年糕，加入红糖，拌匀，用小火续煮15分钟至年糕熟软。

4 关火后把煮好的甜汤盛入碗中即可。

扫一扫看视频

红豆薏米美肌汤

 46分钟 补血

原料： 水发红豆100克，水发薏米80克，牛奶100毫升
调料： 冰糖30克

做法

1 砂锅中注入适量清水并烧开，倒入泡好的红豆、薏米，拌匀。

2 加盖，用大火煮开转小火续煮40分钟至熟软。

3 揭盖，倒入冰糖，搅拌至冰糖溶化。

4 缓缓加入牛奶，搅拌均匀，用中火续煮，关火后盛出煮好的甜品汤，装碗即可。

PART 04 养心润肺汤，让你心肺好，睡得香

　　养心润肺，顾名思义，即为保护心脏、滋润肺部。现代医学认为，常保持心、肺功能平稳的人精气充足，气血均和，阴平阳秘，所以能够宁心安神、改善睡眠，这是健康长寿的一大秘诀。生活中能养心润肺的食材比比皆是，比如银耳、雪梨、莲子、罗汉果、猪肺等。合理挑选食材，按照本章的烹饪指导，做出最适合自己的好汤，便能让你心好肺好，睡得香！

扫一扫看视频

瘦肉莲子汤

⏱ 32分钟　🥣 养心安神

原料： 猪瘦肉200克，莲子40克，胡萝卜50克，党参15克

调料： 盐2克，鸡粉2克，胡椒粉少许

做法

1 洗好的胡萝卜切成小块；洗净的猪瘦肉切片，备用。

2 砂锅中注入适量清水，加入备好的莲子、党参、胡萝卜。

3 放入瘦肉，拌匀，盖上锅盖，用小火煮30分钟。

4 揭开盖，放入盐、鸡粉、胡椒粉，搅拌均匀，至食材入味。

烹饪小提示

可将莲子芯去除，以免有苦味。

5 盛出煮好的汤料，装入碗中即可。

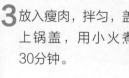
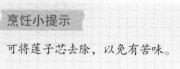

北沙参清热润肺汤

⏱ 120分钟　☁ 清热润肺

原料： 北沙参15克，麦冬10克，玉竹15克，白扁豆20克，龙牙百合20克，瘦肉200克

调料： 盐2克

做法

1 将北沙参、麦冬、玉竹和白扁豆、龙牙百合分别洗净，再浸水泡发，待用。

2 锅中注入1000毫升清水并烧开，放入洗净的瘦肉块，氽去血渍后捞出，沥干水分，待用。

3 砂锅中注水，倒入瘦肉块、泡好的北沙参、麦冬、玉竹和白扁豆，大火烧开后转小火煮约100分钟。

4 倒入泡好的龙牙百合，续煮约20分钟至食材熟透，放入盐调味即可。

扫一扫看视频

123分钟

滋阴润肺

沙参玉竹雪梨银耳汤

原料： 沙参15克，玉竹15克，雪梨150克，水发银耳80克，苹果100克，杏仁10克，红枣20克

调料： 冰糖30克

烹饪小提示

苹果切好后可以放到淡盐水中浸泡，以防止氧化变黑；苹果核不宜食用，切的时候要取出。

做法

1 洗净的雪梨去内核，再切成块，待用。

2 洗好的苹果去内核，再切成块，待用。

3 砂锅中注入适量清水并烧开，倒入沙参、玉竹、雪梨、银耳、苹果、杏仁、红枣，搅拌均匀。

4 加盖，大火煮开转小火煮2小时至有效成分析出。

5 揭开锅盖，加入冰糖，搅拌均匀。

6 加盖，稍煮片刻至冰糖融化，揭盖，盛出装碗即可。

鸡骨草雪梨煲瘦肉

⏱ 160分钟　🥘 清心安神

扫一扫看视频

原料： 瘦肉150克，雪梨120克，胡萝卜70克，鸡骨草8克，马蹄肉140克，罗汉果、姜片各少许

调料： 盐2克

做法

1 将洗净的雪梨去核，切小块；去皮洗好的胡萝卜切块；洗净的瘦肉切大块。

2 锅中注入适量清水并烧开，倒入瘦肉块，汆煮约2分钟，捞出，沥干水分。

3 砂锅中注入适量清水并烧热，倒入瘦肉块、雪梨、胡萝卜块、马蹄肉、罗汉果、姜片、鸡骨草。

4 加盖，煮约150分钟，揭盖，加入盐，拌匀，略煮一会儿，盛出即可。

党参麦冬五味子瘦肉汤

🕐 92分钟　清心润肺

原料：瘦肉块100克，五味子、麦冬、党参各10克，姜片少许

调料：盐、鸡粉各1克

做法

1 沸水锅中倒入洗净的瘦肉块，汆煮去除血水，捞出，沥干水分，装盘。

2 砂锅注水，倒入汆好的瘦肉块，放入姜片、五味子、麦冬、党参，搅拌均匀。

3 加盖，用大火蒸煮90分钟至药材有效成分析出。

4 揭盖，加入盐、鸡粉，搅匀调味，关火后盛出煮好的汤，装碗即可。

杏仁雪梨炖瘦肉

⏱ 95分钟　🍲 生津润燥

原料： 雪梨150克，瘦肉60克，杏仁20克，姜片适量

调料： 盐、鸡粉各1克

做法

1 洗好的瘦肉切块；洗净的雪梨去核，切块。

2 锅中注水并烧开，倒入切好的瘦肉，氽煮去除血水，捞出，沥干水分。

3 取一只空碗，倒入氽好的瘦肉、雪梨块、杏仁、姜片、清水，加入盐、鸡粉，拌匀。

4 将食材放入电蒸锅，炖煮90分钟至炖汤熟透入味，取出炖汤即可。

橄榄雪梨煲瘦肉汤

⏱ 120分钟　🍲 清热润肺

原料： 青橄榄90克，瘦肉100克，雪梨200克

调料： 盐2克

做法

1 将洗净的青橄榄拍扁；洗好的雪梨去核，切块；洗净的瘦肉切块。

2 锅中注水并烧开，倒入瘦肉块，氽煮片刻，盛出，沥干水分，装入盘中。

3 砂锅中注水并烧开，倒入瘦肉块、青橄榄、雪梨块，拌匀，加盖，大火煮开转小火煮2小时至食材熟透。

4 揭盖，加入盐，稍做搅拌至入味，盛入碗中即可。

扫一扫看视频

茅根瘦肉汤

⏱ 62分钟 　☁ 清肺热

原料：猪瘦肉200克，茅根8克，姜片、葱花各少许

调料：盐2克，料酒3毫升

做法

1 将洗净的猪瘦肉切成片，再切成大块。

2 锅中注入适量清水并烧开，放入瘦肉块，淋入料酒，煮约1分钟，捞出瘦肉块。

3 砂锅中注入适量清水并烧开，倒入洗净的茅根、氽过水的瘦肉块，撒上姜片。

4 盖上锅盖，烧开后用小火煮约1小时，揭盖，加入盐，拌匀盛出，撒上葱花即成。

石斛玉竹淮山瘦肉汤

🕐 32分钟　　☁ 健脾补肺

原料： 猪瘦肉200克，淮山30克，石斛20克，玉竹10克，姜片、葱花各少许

调料： 盐、鸡粉各少许

做法

1 将洗净的猪瘦肉切条形，再切成丁。

2 锅中注水并烧开，倒入瘦肉丁，用大火煮一会儿，捞出，沥干水分。

3 砂锅中注水并烧热，放入洗净的淮山、石斛、玉竹、瘦肉丁，撒上姜片，煮30分钟。

4 加入少许鸡粉、盐调味，用中火略煮片刻，盛出，装入汤碗中，撒上葱花即可。

霸王花罗汉果润肺汤

🕐 92分钟　　☁ 养心润肺

原料： 猪排骨400克，罗汉果5克，甜杏仁6克，水发霸王花10克，玉竹2克，白扁豆10克，红枣少许

调料： 盐3克，鸡粉2克，料酒5毫升

做法

1 锅中注入适量清水并烧开，倒入猪排骨，略煮一会儿，捞出，装入盘中备用。

2 砂锅中注水并烧开，倒入罗汉果、甜杏仁、红枣、白扁豆、玉竹、猪排骨，淋入料酒。

3 盖上锅盖，用大火烧开后转小火煮1小时至食材熟软，揭盖，放入洗好的霸王花。

4 盖上锅盖，续煮30分钟至食材熟透，揭盖，加入盐、鸡粉，拌匀调味，盛出即可。

扫一扫看视频

123分钟

养心润肺

霸王花红枣玉竹汤

原料： 霸王花10克，玉竹15克，红枣10克，
白扁豆15克，杏仁15克，排骨200克
调料： 盐2克

烹饪小提示

红枣核属燥热性，可将
红枣去核后再下锅；煲
排骨时在锅里加入几块
橘子皮，可除油腻感。

做法

1 霸王花、玉竹、红枣、白扁豆、杏仁分别提前泡发10分钟；沸水锅中倒入洗净的排骨。

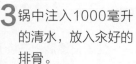

2 氽煮一会儿去除血水和脏污，捞出，沥干水分。

3 锅中注入1000毫升的清水，放入氽好的排骨。

4 放入泡好的杏仁、红枣、玉竹、霸王花、白扁豆，搅拌均匀。

5 加盖，用大火煮开后转小火煮2小时至食材有效成分析出。

6 揭盖，加入盐，搅匀调味，关火后盛出煮好的汤，装碗即可。

西洋参海底椰响螺汤

⏱ 122分钟　☁ 润肺止咳

扫一扫看视频

原料：西洋参15克，海底椰10克，杏仁20克，无花果25克，红枣25克，响螺片20克，排骨块200克

调料：盐2克

做法

1 海底椰装入隔渣袋，放入碗中，再放入红枣、西洋参、响螺片、杏仁，加清水泡发10分钟。

2 无花果浸水泡发10分钟；沸水锅中放入排骨块，氽煮片刻，捞出，沥干水分。

3 砂锅中注水，倒入排骨块、红枣、西洋参、响螺片、海底椰、杏仁，煮100分钟至熟软。

4 放入无花果，拌匀，续煮20分钟至无花果熟，加入盐，拌至入味，盛出即可。

石斛百合舒压汤

⏱ 122分钟　　☁ 安神助眠

原料： 石斛10克，龙牙百合20克，莲子30克，麦冬8克，酸枣仁20克，小香菇20克，排骨200克

调料： 盐2克

做法

1 酸枣仁、麦冬、石斛装入隔渣袋，再放入碗中，加清水泡发10分钟；香菇浸水泡发30分钟。

2 莲子浸水泡发1小时；龙牙百合浸水泡发20分钟；沸水锅中倒入排骨，煮去血水，捞出。

3 砂锅注入1000毫升水，倒入排骨，放入泡好的莲子、香菇、装有食材的隔渣袋，煮100分钟至熟软。

4 加入泡好的龙牙百合，煮约20分钟，加入盐，搅匀调味，装碗即可。

扫一扫看视频

健脾山药汤

🕐 65分钟　🍖 润肺

原料：排骨250克，姜片10克，山药200克
调料：盐2克，料酒适量

做法

1 锅中注水并烧开，放入切好洗净的排骨，加入料酒，焯煮5分钟，捞出。

2 砂锅中注水并烧开，放入姜片、排骨，加入料酒，用小火煮30分钟至排骨八九成熟。

3 揭盖，放入洗净切好的山药，加盖续煮30分钟至食材入味。

4 揭盖，加入盐，拌匀，关火后盛出煮好的汤，装碗即可。

扫一扫看视频

白果覆盆子猪肚汤

🕐 62分钟　🍖 益心肺

原料：白果90克，覆盆子20克，猪肚400克，姜片、葱段各少许
调料：盐2克，鸡粉2克，料酒10毫升，胡椒粉适量

做法

1 处理好的猪肚切成块。

2 砂锅中注水并烧开，放入切好的猪肚，淋入5毫升料酒，搅拌片刻，捞出，沥干水分。

3 砂锅注水烧热，放入洗净的白果、覆盆子，倒入姜片、猪肚、5毫升料酒，炖1小时。

4 放入盐、鸡粉、胡椒粉，搅拌均匀，再煮片刻，装入碗中，撒上葱段即可。

扫一扫看视频

猪蹄灵芝汤

🕐 1~3小时　　🐾 养心益血

原料： 猪蹄块250克，黄瓜块150克，灵芝20克，高汤适量

调料： 盐2克

做法

1 锅中加水并烧开，倒入切好的猪蹄，汆去血水，捞出，沥干水分，过一次凉水。

2 砂锅中倒入高汤并烧开，放入猪蹄、灵芝，烧开后煮15分钟再转中火煮1~3小时。

3 倒入切好的黄瓜块，续煮10分钟至黄瓜熟软。

4 加入盐，搅拌片刻，至食材入味，将煮好的汤料盛出，装入碗中即可。

扫一扫看视频

远志菖蒲猪心汤

🕐 56分钟　☁ 安神助眠

原料: 远志15克,菖蒲15克,姜片20克,猪心250克,胡萝卜100克,葱段少许

调料: 料酒10毫升,盐2克,鸡粉2克

做法

1. 洗净的胡萝卜切片;处理干净的猪心切片;洗净的远志、菖蒲放入隔渣袋中,收紧袋口。
2. 锅中注水并烧开,放入5毫升料酒,倒入切好的猪心,汆去血水,捞出,沥干水分。
3. 砂锅中注水并烧开,放入隔渣袋、姜片、猪心、5毫升料酒,炖40分钟,再倒入胡萝卜,炖15分钟。
4. 放入盐、鸡粉,拌匀,捞出隔渣袋,盛出煮好的汤料,装入碗中,放入葱段即可。

扫一扫看视频

芡实莲子煲猪心

🕐 75分钟　☁ 养心安神

原料: 猪心270克,水发莲子50克,水发芡实60克,蜜枣、枸杞、姜片各少许

调料: 盐、鸡粉各2克,料酒适量

做法

1. 将洗净的猪心切开,去除油脂,切成块。
2. 锅中注水并烧开,倒入切好的猪心,加入少许料酒,煮1分钟,捞出,沥干水分。
3. 砂锅中注水并烧热,放入洗净的莲子、芡实、姜片、蜜枣,煮10分钟。
4. 倒入猪心,拌匀,盖上锅盖,煮1小时,揭盖,倒入枸杞,加盐、鸡粉,拌匀入味,盛出即可。

扫一扫看视频

霸王花罗汉果煲猪肺

🕐 92分钟　　🥘 清肺利咽

原料： 猪肺块250克，猪肉块300克，罗汉果5克，陈皮2克，甜杏仁5克，水发霸王花5克，姜片少许

调料： 盐3克，鸡粉2克，料酒适量

做法

1 锅中注水并烧开，倒入猪肉块，淋入料酒，汆去血水，捞出，装入盘中。

2 再放入猪肺块，淋入料酒，拌匀，略煮，汆去血水和杂质，捞出，装入盘中。

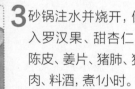

3 砂锅注水并烧开，倒入罗汉果、甜杏仁、陈皮、姜片、猪肺、猪肉、料酒，煮1小时。

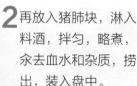

4 放入洗好的霸王花，续煮30分钟至食材熟透，加入盐、鸡粉，拌匀调味。

烹饪小提示

猪肺汆煮好后可放入清水中清洗一下，这样更易将杂质清除干净。

5 关火后盛出煲煮好的汤品，装入备好的碗中即可。

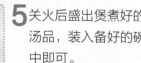

霸王花无花果煲猪肺

⏱ 62分钟　🫁 养心润肺

扫一扫看视频

原料： 猪肺100克，猪腱肉150克，甜杏仁10克，陈皮5克，无花果15克，水发霸王花5克，姜片少许

调料： 盐、鸡粉各2克，料酒适量

做法

1 沸水锅中倒入切好的猪腱肉，淋入料酒，氽去血水，捞出，装入盘中。

2 另起锅，注入清水并烧开，倒入切好的猪肺，加入料酒，氽去血水，捞出。

3 砂锅中注入适量清水，倒入氽过水的猪腱肉、猪肺，放入姜片、陈皮、无花果、甜杏仁、霸王花。

4 加入料酒，盖上锅盖，煮1小时，揭盖，加入盐、鸡粉，拌匀，盛出即可。

扫一扫看视频

灵芝白玉羊肉汤

⏱ 65分钟　　🫁 生津润燥

原料：羊肉350克，香菇40克，山楂20克，豆腐200克，姜块45克，葱条少许

做法

1 将洗净的豆腐切成块；洗好的香菇切成丁；洗净的山楂切成小块；处理好的羊肉切成丁。

2 锅中注入适量清水并烧开，倒入羊肉丁，汆煮片刻，捞出，沥干水分，装盘。

3 砂锅中注水并烧热，倒入香菇丁、山楂块、羊肉丁、姜块、葱条，煮60分钟。

4 倒入豆腐，拌匀，转大火略煮约2分钟至入味，盛出煮好的汤，装入碗中即可。

扫一扫看视频

荷叶牛肚汤

🕐 63分钟　🍲 宁心安神

原料： 牛肚200克，荷叶、桂皮、茴香、姜片、葱花各少许

调料： 料酒8毫升，盐2克，鸡粉2克，胡椒粉少许

做法

1 洗净的牛肚切开，再切成条。

2 砂锅中注水并烧开，倒入荷叶、桂皮、茴香，撒上姜片，放入切好的牛肚。

3 淋入料酒，拌匀，盖上锅盖，烧开后用小火煮1小时至食材熟透。

4 揭开锅盖，加入盐、鸡粉、胡椒粉，拌匀，续煮片刻至食材入味。

5 关火后把煮好的汤料盛出，装入碗中，撒上葱花即可。

扫一扫看视频

苦瓜甘蔗枇杷汤

🕐 60分钟　🍲 养心润肺

原料： 鸡骨350克，苦瓜200克，甘蔗100克，枇杷叶5克，姜片20克

调料： 料酒20毫升，盐3克，鸡粉3克

做法

1 将洗净的苦瓜切开，去瓤，再切条，改切成丁，待用。

2 锅中注水并烧开，倒入洗净的鸡骨，淋入10毫升料酒，汆去血水，捞出，沥干水分。

3 砂锅中注水并烧开，倒入甘蔗、枇杷叶、汆过水的鸡骨、姜片、10毫升料酒，煮40分钟。

4 倒入苦瓜丁，再煮15分钟，放入盐、鸡粉，拌匀，略煮片刻至入味，盛出即可。

扫一扫看视频

花胶干贝香菇鸡汤

⏱ 1~2小时　☁ 清心安神

原料： 鸡肉块200克，水发香菇30克，干贝10克，花胶20克，淮山20克，桂圆肉20克，高汤适量，姜片、枸杞各少许

做法

1 锅中注水并烧热，放入鸡肉块，汆去血水，捞出，沥干水分，过一次凉水。

2 砂锅中注入适量高汤并烧开，倒入鸡肉块、淮山、姜片、桂圆肉、干贝、香菇，拌匀。

3 盖上锅盖，烧开后用小火煮1~2小时至食材熟软。

4 揭盖，倒入花胶、枸杞，搅拌均匀，续煮一会儿至花胶略微缩小，盛出，装入碗中即可。

扫一扫看视频

核桃海底椰玉米鸡汤

🕐 1~3小时　　☁ 养心润肺

原料： 鸡肉200克，玉米100克，胡萝卜100克，海底椰5克，核桃5克，芡实5克，杏仁5克，姜片少许，高汤500毫升

调料： 盐2克

做法

1 锅中注水烧开，放入洗净斩件的鸡肉，氽去血水，捞出，过冷水，待用。

2 砂锅中注入高汤并烧开，倒入鸡肉、洗净切好的玉米、胡萝卜、姜片、海底椰、核桃、芡实、杏仁，拌匀。

3 盖上锅盖，烧开后用小火煮1~3小时，揭盖，加盐调味，拌煮片刻，至食材入味，装入碗中即可。

扫一扫看视频

三七花生参芪煲鸡

🕐 182分钟　　☁ 健脾益肺

原料： 鸡肉200克，花生100克，党参20克，陈皮1片，三七10克，黄芪15克

调料： 盐2克

做法

1 锅中注入适量清水并烧开，倒入鸡肉，氽煮片刻，关火后捞出氽煮好的鸡肉。

2 砂锅中注水，倒入鸡肉、花生、党参、陈皮、三七、黄芪，加盖，大火煮开转小火煮3小时。

3 揭盖，加入盐，搅拌片刻至入味，关火，盛出煲好的鸡汤，装入碗中即可。

扫一扫看视频

122分钟

养心润肺

玉竹花胶煲鸡汤

原料： 花胶30克，玉竹15克，淮山药20克，枸杞15克，莲子25克，红枣20克，鸡肉块200克

调料： 盐2克

烹饪小提示

用新鲜的鸡煲汤时应沸水下锅，用冷冻的鸡煲汤则应冷水下锅，这样才能使汤鲜美可口。

做法

1 花胶浸水泡发12小时；莲子浸水泡发2小时；枸杞浸水泡发10分钟，均泡好取出，待用。

2 将红枣、玉竹、淮山药装入碗中，倒入适量清水泡发10分钟，取出。

3 锅中注水并烧开，放入鸡肉块，汆煮片刻，捞出，沥干水分，装入盘中。

4 砂锅中注水，倒入鸡肉块、红枣、玉竹、淮山药、花胶、莲子，拌匀。

5 加盖，大火煮开转小火煮110分钟，揭盖，放入枸杞，续煮10分钟至枸杞熟。

6 加入盐，稍做搅拌至入味，盛出煮好的汤，装入碗中即可。

二黄炖鸡

⏱ 93分钟　☁ 生津润肺

扫一扫看视频

原料： 鸡肉块170克，熟地黄10克，黄精20克，天门冬10克
调料： 盐、鸡粉各1克

做法

1 沸水锅中倒入洗净的鸡肉块，焯煮去除血水，捞出，沥干水分，待用。

2 砂锅注水，倒入焯好的鸡肉块，放入熟地黄、黄精、天门冬，搅拌均匀。

3 加盖，用大火煮开后转小火炖90分钟至药材有效成分析出。

4 揭盖，加入盐、鸡粉，搅拌均匀至入味，关火后盛出汤品，装碗即可。

枣仁补心血乌鸡汤

🕐 123分钟　🍲 养心安神

原料：酸枣仁20克，淮山药20克，枸杞15克，天麻10克，玉竹10克，红枣25克，乌鸡块200克，水1000毫升

调料：盐2克

扫一扫看视频

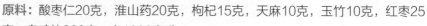

做法

1 酸枣仁装进隔渣袋，放入清水碗中，碗中放入红枣、玉竹、天麻、淮山药，泡发10分钟，捞出。

2 枸杞浸水泡发10分钟，捞出；沸水锅中倒入洗净的乌鸡块，氽去除血水，捞出。

3 砂锅注水，倒入乌鸡块，放入泡好的红枣、玉竹、天麻、淮山药和装有酸枣仁的隔渣袋。

4 加盖，煮100分钟，揭盖，加入泡好的枸杞，续煮约20分钟，加入盐，搅匀调味，盛出即可。

扫一扫看视频

何首乌黑豆煲鸡爪

🕐 42分钟　🫕 养血安神

原料： 何首乌10克，红枣10克，水发黑豆80克，鸡爪200克，猪瘦肉100克

调料： 料酒20毫升，盐2克，鸡粉2克

做法

1. 将洗好的猪瘦肉切成片；处理好的鸡爪切去爪尖。
2. 锅中倒水并烧开，放入猪瘦肉、鸡爪、10毫升料酒，汆去血水，捞出食材，沥干水分。
3. 砂锅中注水并烧开，倒入洗净的何首乌、红枣、黑豆、瘦肉、鸡爪、10毫升料酒，拌匀。
4. 盖上锅盖，烧开后用小火炖40分钟，揭开盖，加入盐、鸡粉，搅拌入味即可。

扫一扫看视频

玉竹白芷润肺汤

🕐 42分钟　🫕 养心润肺

原料： 鸡腿700克，薏米100克，白芷、玉竹各10克，葱段、姜片各少许

调料： 盐、鸡粉各2克，料酒适量

做法

1. 锅中注水并烧开，倒入洗净切好的鸡腿，淋入料酒，汆去血水，捞出，装盘。
2. 砂锅中注水并烧热，倒入玉竹、白芷、薏米，盖上锅盖，煮30分钟。
3. 揭盖，倒入汆过水的鸡腿，放入姜片、葱段，加入料酒，拌匀，续煮10分钟。
4. 加入盐、鸡粉，拌匀调味，盛出，装入碗中即可。

扫一扫看视频

麦门冬煲老鸭

62分钟　清心除烦

原料：鸭肉块200克，麦门冬15克，姜片少许
调料：盐、鸡粉各1克

做法

1 沸水锅中倒入鸭肉块，汆煮一会儿去除血水和脏污，捞出，沥干水分，装盘。

2 砂锅中注入适量清水，倒入汆好的鸭肉块，放入麦门冬、姜片，搅拌均匀。

3 加盖，用大火煮开后转小火煲煮1小时至熟软。

4 揭盖，加入盐、鸡粉，搅匀调味，关火后盛出煲好的汤，装碗即可。

106

扫一扫看视频

枇杷虫草花老鸭汤

🕐 62分钟　☁ 润肺止咳

原料： 鸭肉500克，虫草花30克，百合40克，枇杷叶7克，南杏仁25克，姜片25克

调料： 盐2克，鸡粉2克，料酒20毫升

做法

1 洗净的鸭肉斩成小块，备用。

2 锅中注水并烧热，放入鸭块，加入10毫升料酒，汆去血水，捞出，待用。

3 砂锅中注水并烧开，倒入汆过水的鸭块、枇杷叶、百合、南杏仁、姜片、虫草花，拌匀，再放入10毫升料酒。

4 盖上锅盖，烧开后用小火炖1小时，揭盖，放入盐、鸡粉，拌匀，煮至入味即可。

扫一扫看视频

杏仁虫草鹌鹑汤

🕐 62分钟　☁ 补肺平喘

原料： 鹌鹑200克，杏仁8克，蜜枣10克，冬虫夏草3克

调料： 盐、鸡粉各2克，料酒5毫升，高汤适量

做法

1 沸水锅中放入处理好的鹌鹑，略煮，汆去血水，捞出。

2 将汆过水的鹌鹑放入炖盅，倒入蜜枣、杏仁、冬虫夏草，注入适量高汤，加入盐、鸡粉、料酒。

3 将炖盅放入烧开的蒸锅中，盖上锅盖，用小火炖1小时至食材熟透。

4 揭盖，取出炖盅即可。

扫一扫看视频

党参当归炖鳝鱼

⏱ 31分钟　🫁 润肺

原料： 鳝鱼400克，金华火腿50克，党参10克，当归10克，葱条20克，姜片25克，鸡汤500毫升

调料： 盐2克，鸡粉2克，料酒10毫升，胡椒粉适量

做法

1 将处理干净的鳝鱼切成小块；洗好的金华火腿切成片。

2 锅中注水并烧开，倒入金华火腿、鳝鱼块，搅拌均匀，氽去血水，捞出，装入碗中放入党参、当归。

3 鸡汤入锅煮沸，加料酒、葱条、姜片、盐、鸡粉、胡椒粉搅匀，盛入装有食材的碗中。

4 将碗放入烧开的蒸锅中，盖上锅盖，蒸30分钟，取出，挑去葱条，即可食用。

扫一扫看视频

阿胶淮杞炖甲鱼

🕐 123分钟　🍲 清热润燥

原料：甲鱼块800克，淮山、枸杞各5克，阿胶3克，清鸡汤200毫升，姜片少许

调料：盐、鸡粉各2克，料酒10毫升

做法

1. 沸水锅中倒入洗净的甲鱼块，淋入5毫升料酒，汆去血水，捞出。
2. 将汆好的甲鱼放入炖盅里，倒入鸡汤、姜片、淮山、枸杞、清水，盖上盖；阿胶装碗，放入清水。
3. 蒸锅中注水并烧开，放入炖盅以及阿胶，再盖上锅盖，用大火炖90分钟；揭盖，取出阿胶，搅匀。
4. 在炖盅里加入盐、鸡粉、5毫升料酒、阿胶，拌匀，续炖30分钟，取出即可。

扫一扫看视频

虫草海马小鲍鱼汤

🕐 62分钟　🍲 镇静安神

原料：小鲍鱼70克，海马10克，冬虫夏草2克，瘦肉150克，鸡肉200克

调料：盐、鸡粉各2克，料酒5毫升

做法

1. 洗净的瘦肉切开，再切粗条，改切成大块。
2. 沸水锅中倒入切好的鸡肉，汆去血水，捞出，装入盘中。
3. 沸水锅中倒入切好的瘦肉，汆去血水，捞出汆煮好的瘦肉，装盘。
4. 砂锅中注水，倒入海马、小鲍鱼、鸡肉、瘦肉、冬虫夏草，淋入料酒，拌匀。
5. 盖上锅盖，用大火煮开后转小火煮1小时，加入盐、鸡粉，拌匀调味，盛出即可。

扫一扫看视频

射干麻黄汤

⏱ 92分钟　　🫁 改善睡眠

原料： 大枣20克，射干9克，五味子8克，麻黄8克，细辛7克，紫菀5克，款冬花6克，半夏7克，姜片适量

做法

1 砂锅中注入适量清水，再倒入适量备好的姜片。

2 放入洗净的大枣、射干、五味子、麻黄、细辛、紫菀、款冬花、半夏。

3 用勺子轻轻搅拌，至食材混合均匀。

4 加盖，大火煮开后转小火续煮90分钟至药材有效成分析出。

烹饪小提示

煲汤所用清水最好是一次加足，以免中途添水冲淡药性。

5 揭盖，关火后将煮好的药膳汤装杯即可。

红薯莲子银耳汤

🕐 47分钟　　养心润肺

扫一扫看视频

原料： 红薯130克，水发莲子150克，水发银耳200克
调料： 白糖适量

做法

1 将洗好的银耳切去根部，撕成小朵；去皮洗净的红薯切丁。

2 砂锅中注水烧开，倒入洗净的莲子、银耳，盖上盖，烧开后改小火煮30分钟。

3 倒入红薯丁，拌匀，用小火续煮约15分钟，至食材熟透。

4 加入白糖，拌匀，转中火，煮至溶化，装在碗中即可。

扫一扫看视频

莲子百合安眠汤

🕐 65分钟　🍵 安神助眠

原料: 莲子50克,百合40克,水发银耳250克
调料: 冰糖20克

做法

1 将泡好洗净的银耳切去黄色根部,改刀切小块。

2 砂锅中注入适量清水并烧开,倒入切好的银耳、泡好的莲子,加盖,煮40分钟至食材熟软。

3 揭盖,放入泡好的百合,加盖,续煮20分钟至熟软。

4 揭盖,加入冰糖,搅拌至溶化,关火后盛出煮好的甜汤,装碗即可。

扫一扫看视频

枣仁鲜百合汤

🕐 35分钟　🍵 润肺止咳

原料： 鲜百合60克，酸枣仁20克

做法

1 将洗净的酸枣仁切碎，备用。

2 砂锅中注入适量清水，大火烧热，倒入酸枣仁，盖上锅盖，用小火煮约30分钟，至其析出有效成分。

3 揭盖，倒入洗净的百合，搅拌均匀，用中火煮约4分钟，至食材熟透。

4 关火后盛出煮好的汤料，装入碗中即成。

扫一扫看视频

百合雪梨养肺汤

🕐 15分钟　🍵 养心润肺

原料： 雪梨80克，百合20克，枇杷50克
调料： 白糖20克

做法

1 洗净去皮的雪梨切开，去核，切成小块；洗好的枇杷切开，去核，切成小块。

2 锅中注水并烧开，倒入雪梨、枇杷，煮至熟软，加入百合，再倒入白糖调味。

3 搅拌均匀，用小火炖煮10分钟至熟透，关火后把煮好的汤料盛入碗中即可。

扫一扫看视频

百合玉竹苹果汤

🕐 23分钟　🍲 清肺润燥

原料： 干百合10克，玉竹12克，陈皮7克，红枣8克，苹果150克，姜丝少许
调料： 白糖适量

做法

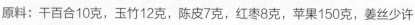

1 将洗净的苹果切开去核，切成片，待用。

2 锅中注入适量的清水，大火烧开，倒入备好的干百合、玉竹、陈皮、红枣、姜丝，搅拌均匀。

3 盖上锅盖，烧开后转小火煮20分钟至析出药性。

4 掀开锅盖，放入苹果，拌匀，煮1分钟，放入白糖，煮至入味，盛出即可。

扫一扫看视频

川贝甘蔗汤

🕐 21分钟　☁️ 润肺止咳

原料： 川贝10克，知母20克，甘蔗200克
调料： 冰糖35克

做法

1 砂锅中注入适量清水，大火烧开，倒入备好的川贝、知母、甘蔗。

2 盖上锅盖，烧开后用小火炖20分钟，至药材析出有效成分。

3 揭开锅盖，放入备好的冰糖，拌匀，略煮片刻，至冰糖溶化。

4 关火后盛出煮好的汤料，装入碗中即可。

扫一扫看视频

燕窝莲子羹

🕐 37分钟　☁️ 养心润肺

原料： 莲子30克，燕窝15克，银耳40克
调料： 冰糖20克，水淀粉适量

做法

1 洗净的银耳切除黄色部分，再切成小块，装盘备用。

2 锅中注水并烧开，放入备好的莲子、银耳，盖上锅盖，用小火煮约20分钟至食材熟软。

3 揭开锅盖，放入泡发处理好的燕窝，盖上锅盖，煮约15分钟至食材融合在一起。

4 揭开锅盖，加入适量水淀粉，煮至黏稠，放入冰糖，搅拌至溶化，盛出装碗即可。

扫一扫看视频

92分钟

滋阴润肺

麦冬银耳炖雪梨

原料： 雪梨200克，水发银耳120克，麦冬10克

调料： 冰糖30克

烹饪小提示

银耳一定要把根部剪掉，这样才容易煮烂，而且要小火慢煮，这样营养成分才会被煮出来。

做法

1 将洗净的雪梨切开，去核，再切成块。

2 砂锅中注入适量清水，再倒入泡发好的银耳。

3 放入切好的雪梨，再倒入麦冬。

4 加入冰糖拌均匀。

5 加盖，用大火煮开后转小火炖90分钟至食材有效成分析出。

6 揭盖，搅拌一下，关火后盛出甜品汤，装碗即可。

金橘枇杷雪梨汤

⏱ 17分钟　🫁 润肺止咳

原料：雪梨75克，枇杷80克，金橘60克

做法

1 金橘洗净，切成小瓣；洗好去皮的雪梨去核，切块；洗净的枇杷去核，切块。

2 砂锅中注入适量清水并烧开，倒入切好的雪梨、枇杷、金橘，拌匀。

3 盖上锅盖，烧开后用小火煮约15分钟。

4 揭盖，搅拌均匀，关火后盛出煮好的雪梨汤，装入碗中即成。

扫一扫看视频

枇杷银耳汤

⏱ 35分钟　🫁 清热润肺

原料： 枇杷100克，水发银耳260克
调料： 白糖适量

做法

1 洗净的枇杷去除头尾，去皮，果肉切成小块；洗净的银耳切去根部，切成小块。

2 砂锅中注入适量清水，大火烧开，倒入切好的枇杷、银耳，搅拌均匀。

3 盖上锅盖，烧开后用小火煮约30分钟。

4 揭开锅盖，倒入白糖，拌匀，略煮一会儿至其溶化，关火后盛出煮好的银耳汤即可食用。

PART 05 保肝护肾汤，给肝肾更多关爱

　　肝、肾都是人体中最重要的器官之一。其中肝脏负责解毒，影响着新陈代谢；肾脏为先天之本，是五脏藏经之处。肝肾功能不好，免疫系统、代谢系统都会遭到破坏，人们会遇到体虚多病、手脚冰凉、脸色蜡黄、性功能减退等一系列症状，这样健康也就不复存在了。不如花上一点空闲时间，用心参照本章中的烹饪食谱，煲一碗好汤，给肝肾更多的关爱，让它们以最佳的状态继续做我们最贴心实在的健康守护者。

扫一扫看视频

巴戟天猴头菇瘦肉汤

🕐 22分钟　　🥘 补肾助阳

原料： 猪瘦肉120克，水发猴头菇90克，巴戟天10克，姜片少许
调料： 盐、鸡粉、水淀粉、食用油各适量

做法

1 将洗净的猴头菇切成片，待用；洗净的瘦肉切成片，待用。

2 把肉片装入碗中，加入少许盐、鸡粉、水淀粉、食用油，腌渍约10分钟。

3 砂锅中注水并烧开，放入巴戟天、姜片、切好的猴头菇，煮约15分钟。

4 倒入腌渍好的瘦肉，用小火续煮约5分钟，至食材熟透。

烹饪小提示

肉片最好切得薄一些，这样不仅腌渍时更易入味，而且还能缩短烹饪的时间。

5 掠去浮沫，加入少许盐、鸡粉，拌匀，续煮片刻，盛出即成。

巴戟杜仲健肾汤

⏱ 122分钟　🧠 保肝护肾

扫一扫看视频

原料： 巴戟天15克，杜仲10克，淮山药15克，茯苓8克，枸杞10克，黑豆30克，排骨块200克

调料： 盐2克

做法

1 杜仲、巴戟天、茯苓装入隔渣袋，与淮山药一起泡发10分钟；黑豆泡发2小时；枸杞泡发10分钟。

2 锅中注水并烧开，放入排骨块，汆煮片刻，捞出，沥干水分，装入盘中。

3 砂锅中注水，倒入排骨块、淮山药、杜仲、巴戟天、茯苓、黑豆，煮100分钟。

4 放入枸杞，拌匀，续煮20分钟，加入盐，搅拌至入味，盛出即可。

121

扫一扫看视频

130分钟

清肝明目

灵芝茯苓排骨汤

原料： 灵芝片15克，葛根15克，枸杞10克，茯苓6克，白芍8克，红枣20克，排骨100克
调料： 盐适量

烹饪小提示

炖排骨时如果放点醋，可以使排骨中的钙、磷、铁等矿物质溶解出来，更加利于吸收。

做法

1 将灵芝、葛根、茯苓、白芍洗净，装入隔渣袋，加清水浸泡10分钟。

2 红枣洗净，加清水泡发10分钟；枸杞洗净，加清水泡发10分钟。

3 锅中注入适量清水并烧开，倒入排骨，余去血水，捞出，沥干水分，待用。

4 砂锅中注入1000毫升清水，倒入隔渣袋、红枣，再倒入余过水的排骨。

5 盖上锅盖，开大火煮开转小火煮100分钟，加入枸杞，小火继续煮20分钟。

6 加入少许盐，搅匀调味，将煮好的汤盛出装入碗中即可。

三七板栗排骨汤

🕐 52分钟　🫘 补肾强骨

扫一扫看视频

原料： 排骨段270克，板栗肉160克，胡萝卜120克，人参片、三七粉、姜片各少许

调料： 盐2克，鸡粉2克，料酒适量

做法

1 洗净的板栗肉对半切开；洗好去皮的胡萝卜切滚刀块。

2 锅中注水并烧开，倒入排骨段，淋入少许料酒，氽去血水，捞出，沥干水分。

3 砂锅中注水并烧热，倒入排骨、板栗、姜片，淋入料酒，煮约20分钟。

4 倒入胡萝卜、人参片、三七粉，煮30分钟，加入盐、鸡粉，搅拌入味即可。

扫一扫看视频

山茱萸补骨脂排骨汤

⏱ 62分钟　🦴 补益肝肾

原料： 排骨600克，山茱萸15克，金樱子15克，当归8克，补骨脂7克
调料： 料酒20毫升，盐3克，鸡粉3克

做法

1 把备好的山茱萸、金樱子、当归、补骨脂装入隔渣袋中，收紧袋口。

2 锅中注水并烧开，放入洗净的排骨段，淋入10毫升料酒，汆去血水，捞出，沥干水分。

3 砂锅中注水并烧开，放入隔渣袋，倒入汆过水的排骨、10毫升料酒，炖1小时。

4 取出隔渣袋，加入盐、鸡粉，拌匀调味，盛入碗中即可。

扫一扫看视频

鸡屎藤猪骨汤

🕐 62分钟　🍲 补肾涩精

原料： 猪骨段240克，鸡屎藤15克，姜片、葱花各少许

调料： 盐3克，鸡粉少许，料酒适量

做法

1 锅中注水并烧开，倒入洗净的猪骨段，淋入料酒，汆去血水，捞出，沥干水分。

2 砂锅中注水并烧开，放入洗净的鸡屎藤、猪骨段、姜片、料酒，煮约60分钟。

3 加入盐、鸡粉，拌匀调味，用中火续煮片刻，至汤汁入味。

4 关火后盛出煮好的猪骨汤，装入汤碗中，撒上葱花即成。

扫一扫看视频

党参豆芽尾骨汤

🕐 44分钟　🍲 补阴益髓

原料： 党参10克，西红柿100克，姜片少许，猪尾骨500克，黄豆芽100克

调料： 料酒16毫升，盐2克，鸡粉2克

做法

1 洗好的西红柿切成块。

2 锅中注水并烧开，倒入洗净的猪尾骨，淋入8毫升料酒，汆去血水，捞出，沥干水分。

3 砂锅中注水并烧开，倒入洗好的党参，倒入姜片、猪尾骨、8毫升料酒，煮40分钟。

4 放入西红柿块，略煮片刻，放入洗净的黄豆芽，搅拌均匀，加入鸡粉、盐，煮2分钟至食材入味，盛出即可。

扫一扫看视频

当归炖猪心

⏱ 122分钟　🧠补肝肾

原料： 猪心200克，当归15克，党参20克，姜片少许
调料： 盐2克，鸡粉2克，料酒适量

做法

1 洗净的猪心切片，放入沸水锅，汆去血水，捞出，装入盘中，备用。

2 锅中注入适量清水，大火烧开，放入盐、鸡粉、料酒，拌匀，制成汤汁。

3 把姜片放入炖盅，倒入猪心，放入拌好的当归、党参，舀入汤汁，用保鲜膜把炖盅封好。

4 将炖盅放入烧开的蒸锅中，盖上锅盖，用小火炖2小时至食材熟透，取出即可。

扫一扫看视频

浮小麦猪心汤

🕐 41分钟　💪 补肾益精

原料： 猪心250克，浮小麦10克，枸杞10克，姜片20克

调料： 盐2克，鸡粉2克，料酒20毫升，胡椒粉适量

做法

1 处理好的猪心切成片。

2 锅中注水并烧开，放入猪心，淋入10毫升料酒，略煮，捞出，沥干水分。

3 砂锅中注入适量清水，大火烧开，放入洗净的浮小麦、枸杞、姜片、猪心，淋入10毫升料酒。

4 盖上锅盖，烧开后用小火煮40分钟，放入盐、鸡粉、胡椒粉，拌至食材入味即可。

白术党参猪肘汤

🕐 42分钟　💪 滋补肝肾

原料： 猪肘500克，白术10克，党参10克，姜片15克，枸杞8克

调料： 盐2克，鸡粉2克，料酒7毫升，白醋10毫升

做法

1 锅中注入适量清水并烧开，倒入洗好的猪肘，淋入白醋，煮约2分钟，捞出，沥干水分。

2 砂锅中注水并烧开，倒入洗净的白术、党参、枸杞、姜片、猪肘，淋上料酒提味。

3 盖上锅盖，大火煮开转小火煮约40分钟，至食材熟透。

4 取下盖子，加入盐、鸡粉，续煮一会儿，至汤汁入味即成。

杜仲核桃炖猪腰

扫一扫看视频

32分钟　　保肝护肾

原料： 猪腰300克，杜仲15克，核桃仁25克，姜片、葱花各少许
调料： 盐2克，鸡粉2克，胡椒粉1克，料酒少许

做法

1 将洗好的猪腰对半切开，去除筋膜，切成片，待用。

2 锅中注水并烧热，淋入料酒，放入猪腰，汆去血水，捞出，装入盘中。

3 砂锅中注水并烧开，放入洗好的猪腰，加入杜仲、核桃仁、姜片、料酒，炖煮30分钟。

4 加入盐、鸡粉、胡椒粉，拌匀，撇去浮沫，盛出，放入葱花即可。

扫一扫看视频

桑寄生炖猪腰

⏱ 33分钟　🫘 补肾壮阳

原料： 桑寄生10克，猪腰200克，姜片、葱段各少许

调料： 盐2克，鸡粉2克，料酒7毫升

做法

1 洗净的猪腰对半切开，切去白色筋膜，再切上网格花刀，改切大块。

2 砂锅中注水并烧热，倒入桑寄生、姜片、葱段、猪腰，淋入料酒，拌匀。

3 盖上锅盖，大火烧开后转小火煮半小时至食材熟软。

4 揭开锅盖，撇去浮沫，加入盐、鸡粉，搅匀调味，盛出即可。

扫一扫看视频

海马炖猪腰

⏱ 61分钟　🫘 保肝护肾

原料： 猪腰300克，猪瘦肉200克，姜片25克，海马8克

调料： 盐、鸡粉各2克，料酒8毫升

做法

1 将洗净的瘦肉切丁；洗净的猪腰去除筋膜，切片。

2 锅中注水并烧热，倒入切好的猪腰、瘦肉丁，淋入4毫升料酒，汆去血水，捞出，沥水。

3 炒锅置火上并烧热，倒入洗净的海马，炒至焦黄，关火后盛出。

4 砂锅中注水烧开，倒入猪腰、瘦肉、海马、姜片，淋入4毫升料酒，煮60分钟。

5 加入鸡粉、盐，拌匀调味，盛出即可。

扫一扫看视频

6分钟

滋阴壮阳

老黄瓜猪胰汤

原料：老黄瓜150克，猪胰90克，姜片、葱花各少许

调料：盐、鸡粉各少许，料酒3毫升，水淀粉2毫升，胡椒粉、食用油各适量

烹饪小提示

猪胰必须先泡水10～15分钟，然后用水彻底冲洗干净。猪胰腥味较重，可延长腌渍的时间。

做法

1 将洗净的老黄瓜去皮，切成片；洗好的猪胰切成片。

2 将猪胰装入碗中，放入少许盐、鸡粉、料酒、水淀粉，抓匀，腌渍10分钟。

3 用油起锅，放入姜片，爆香，倒入老黄瓜，翻炒至熟软。

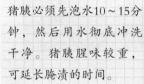

4 注入适量清水，盖上锅盖，用大火加热，煮至沸腾。

5 揭盖，放入盐、鸡粉、胡椒粉，倒入腌好的猪胰，搅匀。

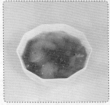

6 用大火烧开，煮3分钟，至全部食材熟透，盛出，撒上葱花即可。

黄芪红枣牛肉汤

⏱ 120分钟　🍲 滋补肝脏

原料： 黄芪15克，花生25克，红枣25克，莲子30克，香菇20克，牛肉块200克
调料： 盐适量

做法

1 莲子倒入装有清水的碗中洗净，再浸水泡发1小时；香菇洗净，浸水泡发30分钟左右。

2 黄芪、花生、红枣洗净，再用清水泡发10分钟；沸水锅中倒入牛肉块，汆去血水，捞出。

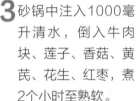
3 砂锅中注入1000毫升清水，倒入牛肉块、莲子、香菇、黄芪、花生、红枣，煮2个小时至熟软。

4 加入少许的盐，搅匀调味，盛出装入碗中即可。

扫一扫看视频

杜仲牛尾补肾汤

⏱ 112分钟　🫘 保肝护肾

原料： 牛尾段270克，杜仲30克，枸杞、姜片、香菜各少许
调料： 盐、鸡粉、黑胡椒粉各2克，料酒7毫升

做法

1 杜仲用清水洗净并浸泡5分钟；沸水锅中放入洗净的牛尾段，汆煮约2分钟，捞出，备用。

2 砂锅中注水并烧开，放入牛尾段、洗净的杜仲、姜片，淋入料酒，搅散。

3 大火煮开后转小火煲煮约100分钟，放入洗净的枸杞，续煮10分钟。

4 加入盐、鸡粉、黑胡椒粉，搅匀调味，盛出，装在碗中，放上香菜即可。

扫一扫看视频

虫草炖牛鞭

🕐 150分钟　🍲 温补肾阳

原料： 牛鞭400克，牛肉清汤200毫升，枸杞5克，姜片、葱花、冬虫夏草各少许

调料： 盐2克，鸡粉3克，料酒适量

做法

1 砂锅中注水，放入姜片、牛鞭，淋入料酒，盖上锅盖，用大火煮30分钟，捞出。

2 把放凉的牛鞭切成段；取一个炖盅，放入牛鞭、姜片、葱花、枸杞。

3 倒入牛肉清汤，放入冬虫夏草，加入料酒、盐、鸡粉，拌匀，盖上盖。

4 蒸锅中注入适量清水烧开，放入炖盅，盖上锅盖，大火炖2小时，取出炖盅即可。

扫一扫看视频

玫瑰湘莲百合银耳煲鸡

🕐 185分钟　🍲 益肾涩精

原料： 莲子30克，红枣30克，百合30克，鸡肉块200克，水发银耳50克，玫瑰花少许

调料： 料酒8毫升，盐2克

做法

1 锅中注水并烧开，倒入鸡块，煮2~3分钟，汆去血水，捞出，过一遍冷水，沥干水分。

2 砂锅中注入高汤并烧开，放入莲子、红枣、百合、玫瑰花、切好的银耳、鸡块，拌匀。

3 淋入料酒，盖上锅盖，烧开后转中火煮3小时至食材熟透。

4 揭开盖子，加入盐调味，搅拌片刻，盛出，装入碗中即可。

扫一扫看视频

海参干贝虫草煲鸡

⏱ 185分钟　🧠 补肾益精

原料： 水发海参50克，虫草花40克，鸡肉块60克，高汤适量，蜜枣、干贝、姜片、黄芪、党参各少许

做法

1 锅中注水并烧开，倒入鸡肉块，搅散，汆去血水，捞出，过一次冷水，清洗干净，待用。

2 砂锅中倒入适量的高汤并烧开，放入洗净切好的海参，倒入洗净的虫草花。

3 倒入备好的鸡肉块、蜜枣、干贝、姜片、黄芪、党参，用勺子搅拌均匀。

4 盖上锅盖，烧开后转小火煮3小时至食材入味，盛出，装入碗中即可。

扫一扫看视频

核桃虫草花墨鱼煲鸡

⏱ 185分钟 🍲 保肝护肾

原料： 虫草花30克，鸡肉块200克，红枣30克，核桃25克，水发墨鱼30克，高汤适量

调料： 盐2克，料酒8毫升

做法

1 锅中注水并烧开，倒入鸡块，煮2~3分钟，汆去血水，捞出，过一遍冷水。

2 砂锅中注入高汤并烧开，倒入鸡块、洗好的虫草花、核桃、红枣和水发墨鱼。

3 淋入料酒，盖上锅盖，烧开后转中火煮3小时至药材析出有效成分。

4 揭开锅盖，加入盐，拌至食材入味，盛出，装入碗中即可。

扫一扫看视频

川芎当归鸡

⏱ 41分钟 🍲 滋阴补肾

原料： 鸡腿150克，熟地黄25克，当归15克，川芎5克，白芍10克，姜片少许

调料： 盐2克，鸡粉2克，料酒10毫升

做法

1 将洗净的鸡腿斩成小块，备用。

2 锅中注水并烧开，倒入鸡腿块，加入5毫升料酒，汆去血水，捞出，沥干水分。

3 砂锅中注水并烧开，倒入熟地黄、当归、川芎、白芍、姜片，放入鸡腿块、5毫升料酒，盖上锅盖，烧开后煮40分钟。

4 揭盖，放入盐、鸡粉，搅拌均匀，略煮片刻，至食材入味即可。

西洋参黄芪养生汤

🕐 122分钟　🍲 补肾养肾

原料： 西洋参15克，黄芪10克，茯苓10克，枸杞15克，红枣20克，小香菇25克，乌鸡块200克，水1000毫升

调料： 盐2克

做法

1 茯苓、黄芪装入隔渣袋，扎紧袋口备用。

3 砂锅中注水，倒入乌鸡块，放入泡发好的红枣、隔渣袋、西洋参、小香菇，拌匀。

烹饪小提示

隔渣袋袋口一定要扎紧，以免烹饪的时候药材漏出。

2 锅中注水并烧开，倒入乌鸡块，煮去血水，捞出；将所需泡发的食材均泡发好。

4 盖上锅盖，开大火煮开转小火煮100分钟，开盖，放入备好的枸杞，搅拌均匀。

5 盖上锅盖，小火续煮20分钟，揭盖，加入盐，搅匀调味，盛出即可。

花胶海参佛手瓜乌鸡汤

⏱ 182分钟　🧠 补肾

扫一扫看视频

原料： 乌鸡块300克，水发海参90克，佛手瓜150克，水发花胶40克，核桃仁30克，水发干贝20克

调料： 盐2克

做法

1 洗净的花胶切段；洗好的海参对半切开；洗净的佛手瓜去内籽，切块。

2 锅中注水并烧开，倒入乌鸡块，汆煮片刻，捞出，沥干水分，装盘待用。

3 砂锅中注水，倒入乌鸡块、花胶、海参、佛手瓜、核桃仁、干贝，煮约3小时。

4 加入盐，稍做搅拌至入味，盛出煮好的汤，装入碗中即可。

扫一扫看视频

三七牛膝杜仲煲乌鸡

⏱ 152分钟　🫀 保肝护肾

原料： 乌鸡块300克，杜仲15克，红枣30克，三七、牛膝、黄芪、党参各少许
调料： 盐2克

做法

1 锅中注水并烧开，倒入洗净的乌鸡块，汆煮约2分钟，去除血渍后捞出，沥干水分，备用。

2 砂锅中注水并烧热，倒入乌鸡块、杜仲、红枣、三七、牛膝、黄芪和党参，拌匀。

3 盖上锅盖，烧开后转小火煮约150分钟，至食材熟透。

4 揭盖，加入盐，拌匀，改中火略煮，至汤汁入味，盛出装碗即可。

仙人掌乌鸡汤

🕐 93分钟 　🥘 养血益肾

原料： 食用仙人掌180克，乌鸡块500克，蜜枣40克

调料： 盐3克，鸡粉2克

做法

1 将洗净去皮的仙人掌切成小块。

2 锅中注水并烧开，倒入乌鸡块，煮沸，汆去血水，捞出，沥干水分。

3 砂锅中注入适量清水，倒入乌鸡块、蜜枣、仙人掌，盖上锅盖，大火煮开后用小火炖90分钟至熟软。

4 揭盖，放入盐、鸡粉，拌匀调味，将炖好的汤品盛入碗中即可。

板栗枸杞鸡爪汤

🕐 190分钟 　🥘 保肝护肾

原料： 板栗200克，鸡爪50克，枸杞20克，高汤适量

调料： 盐2克，料酒、白糖各适量

做法

1 锅中注水并烧开，放入处理好的鸡爪，淋入少许料酒，煮3分钟，捞起后过冷水。

2 往砂锅中注入高汤，烧开后加入鸡爪、板栗，盖上锅盖，炖 3小时至食材熟软。

3 揭开锅盖，放入枸杞，搅拌均匀，煮5分钟至熟软。

4 加入白糖、盐，搅拌均匀，至食材入味，关火后将煮好的汤料盛出即可。

扫一扫看视频

巴戟枸杞凤爪

⏱ 65分钟　🫀 养肝明目

原料： 鸡爪270克，红枣15克，姜块25克，巴戟天、枸杞各少许
调料： 料酒6毫升，盐2克，鸡粉1克

做法

1 姜块拍破；锅中注水并烧开，倒入处理好的鸡爪，加入3毫升料酒，煮至断生，捞出。

2 砂锅中注水并烧热，倒入姜块，放入巴戟天、红枣、枸杞，搅拌均匀。

3 倒入鸡爪，淋入3毫升料酒，盖上锅盖，烧开后小火煮1小时。

4 揭盖，加入盐、鸡粉，拌匀调味，关火后将煮好的汤料盛入碗中即可。

扫一扫看视频

鸡肝菟丝子汤

🕐 22分钟　　🍲 保肝护肾

原料： 鸡肝150克，菟丝子、姜片、葱段各少许

调料： 盐1克，鸡粉1克，料酒6毫升，生抽4毫升

做法

1 鸡肝去除油脂，用斜刀切片，装入盘中，待用。

2 砂锅中注水，大火烧热，倒入备好的菟丝子，盖上锅盖，烧开后用小火煮约20分钟。

3 揭开锅盖，捞出菟丝子，倒入葱段、姜片，放入鸡肝，淋入料酒，略煮。

4 加入盐、鸡粉、生抽，拌匀，煮至食材入味，撇去浮沫即成。

扫一扫看视频

佛手鸭汤

🕐 122分钟　　🍲 保护肝脏

原料： 鸭肉块400克，佛手、枸杞、山楂干各10克

调料： 盐、鸡粉各2克，料酒适量

做法

1 锅中注水并烧热，倒入切好的鸭肉，淋入料酒，略煮，捞出，沥干水分。

2 砂锅中注水，倒入汆过水的鸭肉、洗净的佛手、山楂干、枸杞，拌匀。

3 淋入料酒，拌匀，盖上锅盖，用大火烧开后转小火续煮2小时。

4 揭盖，加入盐、鸡粉，拌匀，煮至食材入味，盛出即可食用。

扫一扫看视频

茯苓鸽子煲

⏱ 190分钟　　🫁 滋补肝肾

原料： 乳鸽肉块200克，茯苓50克，姜片少许，高汤适量
调料： 盐2克

做法

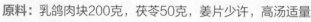

1 锅中注水并烧开，放入洗净的乳鸽肉，煮5分钟，余去血水，捞出过冷水，盛入盘中，待用。

2 另起锅，注入适量高汤，大火烧开，加入乳鸽肉、茯苓、姜片，拌匀。

3 盖上锅盖，调至中火，煮开后调至小火，炖3小时至食材熟透。

4 揭开锅盖，加入盐，搅拌均匀，至食材入味，将煮好的汤料盛出即可。

扫一扫看视频

桑葚薏米炖乳鸽

🕐 42分钟　🫕 补肝益肾

原料： 乳鸽400克，水发薏米70克，桑葚干20克，姜片、葱段各少许

调料： 料酒20毫升，盐2克，鸡粉2克

做法

1　锅中注水并烧开，放入洗净的乳鸽，倒入10毫升料酒，汆去血水，捞出，沥干水分。

2　砂锅中注水并烧开，倒入汆过水的乳鸽，放入洗净的薏米、桑葚干。

3　加入姜片、葱段，淋入10毫升料酒，盖上锅盖，烧开后用小火炖40分钟。

4　揭开盖，撇去汤中浮沫，再放入盐、鸡粉，拌匀即可。

扫一扫看视频

苦瓜鱼片汤

🕐 6分钟　🫕 保肝护肾

原料： 苦瓜100克，鲈鱼肉110克，胡萝卜40克，鸡腿菇70克，姜片、葱花各少许

调料： 盐、鸡粉、胡椒粉各少许，水淀粉、食用油各适量

做法

1　将洗净的鸡腿菇切片；去皮洗净的胡萝卜切片；洗好的苦瓜去籽，切成片。

2　洗净的鲈鱼肉切成片，放入盐、鸡粉、胡椒粉、水淀粉、食用油，腌渍入味。

3　用油起锅，放入姜片，爆香，倒入苦瓜片、胡萝卜、鸡腿菇，炒匀。

4　加水，煮3分钟至熟软，放入盐、鸡粉、腌好的鱼片，煮1分钟，盛出，放入葱花即可。

扫一扫看视频

党参生鱼汤

⏱ 31分钟　🫘 保肝护肾

原料： 生鱼块350克，党参20克，姜片10克
调料： 盐2克，鸡粉2克，料酒、食用油各适量

做法

1 用油起锅，倒入洗好的生鱼块，煎出焦香味，把煎好的鱼块盛出，装盘备用。

2 砂锅中注入适量清水，大火烧开，放入姜片、党参，倒入生鱼块，淋入料酒。

3 盖上锅盖，用小火煮约30分钟至食材完全熟透。

4 揭盖，放入盐、鸡粉，拌匀调味，关火后盛出煮好的汤料，装入碗中即可。

扫一扫看视频

固肾补腰鳗鱼汤

🕐 36分钟　🫘 固肾补腰

原料： 黄芪6克，五味子3克，补骨脂6克，陈皮2克，鳗鱼400克，猪瘦肉300克，姜片15克

调料： 盐2克，鸡粉2克，料酒8毫升，食用油适量

> 做法

1 洗好的猪瘦肉切成片，再切条，改切成丁。

2 热锅注油烧热，倒入洗净的鳗鱼，炸至金黄色，捞出，沥干油。

3 砂锅中注水并烧开，倒入洗净的黄芪、五味子、补骨脂、陈皮、瘦肉丁、姜片，煮20分钟左右。

4 倒入炸好的鳗鱼，淋入料酒，续煮15分钟，加入鸡粉、盐，搅匀至食材入味即可。

扫一扫看视频

茯苓黄鳝汤

🕐 31分钟　🫘 益肾固精

原料： 茯苓10克，姜片20克，鳝鱼200克，水发茶树菇100克

调料： 盐2克，鸡粉2克，料酒10毫升

> 做法

1 将处理好的鳝鱼切成段；洗好的茶树菇切去根部。

2 砂锅中注水并烧开，放入洗好的茯苓，倒入切好的茶树菇。

3 盖上锅盖，用小火煮15分钟，揭开盖，放入鳝鱼段、姜片，淋入料酒，拌匀。

4 用小火煮15分钟，放入盐、鸡粉，搅拌片刻至入味，盛出装碗即可。

扫一扫看视频

马蹄三七茅根汤

32分钟　养肝护肝

原料： 马蹄肉200克，三七、茅根各少许

做法

1 砂锅中注水并烧热，倒入备好的三七、茅根、马蹄肉。

2 盖上锅盖，烧开后用小火煮约30分钟。

3 揭开锅盖，用勺子搅拌几下，使食材混合均匀。

4 关火后盛出煮好的汤料，装入碗中即可。

PART 06 美容养颜汤，让你越喝越漂亮

女性爱美本是件再正常不过的事，但有些人却在美颜术上下足了功夫，这是治标不治本的做法。要想外表散发美丽的气息，就要从"内"开始调理，通过调节五脏六腑，保持激素的动态平衡，人们便可以让岁月的齿轮变缓慢，让自己容光焕发。没有美颜术，但有美颜汤，喝汤就是内部调理的关键一步。你本来就很美，但本章这些汤还能锦上添花，让你更加出众。你还在等什么，行动起来吧！

扫一扫看视频

花胶响螺海底椰汤

🕐 122分钟　　🍲 养颜美容

原料： 花胶15克，响螺片15克，海底椰10克，红枣20克，玉竹8克，龙牙百合25克，北沙参10克，莲藕块200克

调料： 盐2克

做法

1 将海底椰装入隔渣袋里，与红枣、北沙参、玉竹一起浸水泡发10分钟，取出。

2 花胶浸水泡发12小时；响螺片浸水泡发5小时；龙牙百合浸水泡发20分钟。

3 砂锅中注水，倒入莲藕、北沙参、玉竹、红枣、响螺片、海底椰、花胶，拌匀。

4 加盖，大火煮开转小火煮100分钟，揭盖，放入龙牙百合，拌匀。

烹饪小提示

可以滴入几滴白醋，煲出来的汤不仅好喝，而且美容效果更佳。

5 加盖，续煮20分钟至龙牙百合熟，加入盐，稍做搅拌至入味即可。

茯苓山楂养肤瘦脸汤

⏱ 63分钟　☁ 滋养肌肤

扫一扫看视频

原料： 茯苓15克，薏米30克，山楂20克，红豆30克，莲藕150克
原料： 冰糖适量

做法

1 茯苓浸水泡发8分钟，装入隔渣袋；薏米、红豆、山楂浸水泡发8分钟。

2 洗净的莲藕切块，放入沸水锅中，汆煮片刻，捞出，沥干水分，待用。

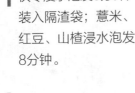

3 砂锅注入1000毫升清水，倒入泡好的薏米、山楂、红豆、隔渣袋、莲藕，煮50分钟至熟软。

4 加入冰糖，搅匀，煮约10分钟至冰糖溶化，盛出装碗即可。

扫一扫看视频

花胶党参莲子瘦肉汤

⏱ 182分钟　🍲 美容护肤

原料： 水发花胶80克，瘦肉150克，水发莲子50克，桂圆肉15克，水发百合50克，党参20克

调料： 盐2克

做法

1 花胶切成块；洗净的瘦肉切块，放入沸水锅，汆煮片刻，捞出，沥干水分，装盘待用。

2 砂锅中注水，倒入瘦肉、花胶、莲子、党参、桂圆肉、百合，拌匀。

3 加盖，大火煮开转小火煮3小时至全部食材熟软。

4 揭盖，加入盐，搅拌片刻至入味，盛出煮好的汤，装碗即可。

扫一扫看视频

丝瓜肉片汤

🕐 8分钟　　☁ 抗衰老

原料： 丝瓜130克，胡萝卜80克，瘦肉120克，姜片少许

调料： 盐3克，鸡粉2克，料酒4毫升，白胡椒粉少许，食用油适量

做法

1 将洗净去皮的丝瓜切滚刀块；洗好去皮的胡萝卜切菱形片；洗净的瘦肉切薄片，加盐、鸡粉、料酒，腌渍。

2 将汤锅放置火上，注入食用油，放入姜片、胡萝卜片，炒匀，放入肉片、丝瓜，炒匀，注入适量清水，大火煮约5分钟。

3 加入少许盐、鸡粉，撒上白胡椒粉，续煮一会儿至汤汁入味，将汤盛入碗中即可。

扫一扫看视频

竹荪莲子丝瓜汤

🕐 26分钟　　☁ 祛斑养颜

原料： 丝瓜120克，玉兰片140克，水发竹荪80克，水发莲子120克，高汤300毫升

调料： 盐、鸡粉各2克

做法

1 洗好的竹荪切段；玉兰片切成小段；洗净的丝瓜切成滚刀块，备用。

2 砂锅中注入适量清水并烧热，倒入高汤，拌匀，放入莲子、玉兰片，盖上锅盖，用中火煮约10分钟。

3 揭盖，倒入丝瓜、竹荪，拌匀，再盖上锅盖，用小火续煮约15分钟至食材熟透。

4 揭盖，加入盐、鸡粉，拌匀调味，关火后盛出煮好的汤料即可。

扫一扫看视频

霸王花雪梨煲瘦肉

⏱ 122分钟　🍽 美容养颜

原料： 瘦肉120克，雪梨85克，水发霸王花70克，胡萝卜45克，无花果20克，杏仁少许

调料： 盐2克

做法

1 去皮胡萝卜切成块；洗好的雪梨去核，切成块；洗净的霸王花切成段；洗好的瘦肉切成块。

2 锅中注水并烧开，倒入瘦肉块，汆去血渍，捞出，沥干水分，备用。

3 砂锅中注水，大火烧热，倒入汆好的瘦肉块，放入胡萝卜块、雪梨块、无花果、杏仁、霸王花。

4 盖上锅盖，煮约120分钟，加入盐，拌匀，略煮一会儿，盛出即可。

扫一扫看视频

雪梨银耳牛奶煲瘦肉

⏱ 18分钟　🍲 润泽肌肤

原料： 瘦肉100克，银耳80克，雪梨100克，牛奶120毫升，高汤400毫升

调料： 盐2克

做法

1. 锅中注水并烧开，放入洗好切块的瘦肉，氽去血水，捞出，过冷水，装盘。

2. 砂锅中注入高汤并烧开，放入氽过水的瘦肉、洗净切碎的银耳、洗好切块的雪梨，搅拌均匀。

3. 盖上锅盖，用大火煮约15分钟至食材熟透。

4. 打开锅盖，倒入牛奶、盐，搅拌均匀，用小火略煮片刻，盛出即可。

扫一扫看视频

茅根甘蔗茯苓瘦肉汤

⏱ 122分钟　🍲 抗衰老

原料： 瘦肉200克，甘蔗段120克，茯苓20克，茅根12克，胡萝卜80克，玉米100克，姜片少许

调料： 盐2克

做法

1. 去皮洗净的胡萝卜切滚刀块；洗好的玉米斩成小件；洗净的瘦肉切开，再切大块。

2. 锅中注水并烧开，倒入瘦肉块，氽煮1分钟，捞出，沥干水分。

3. 砂锅中注水并烧热，倒入瘦肉块、玉米、胡萝卜、姜片、茯苓、茅根、甘蔗段。

4. 盖上锅盖，烧开后转小火煮约120分钟，加入盐，略煮，盛出即可。

扫一扫看视频

142分钟

美容养颜

花胶白菜猪腱汤

原料： 猪腱肉200克，水发花胶150克，白菜叶280克，陈皮1片，金华火腿90克，葱白、姜片各少许

调料： 盐2克

烹饪小提示

猪肉一旦黏上了脏东西，用水冲洗会油腻腻的，正确的方法应该是用淘米水或红茶清洗。

做法

1 洗净的白菜叶切块；洗净的猪腱肉切大块；洗好的花胶切段；火腿切块。

2 锅中注水并烧热，倒入猪腱肉，氽煮去血水，捞出；放入火腿，氽煮一会儿，去盐分，捞出。

3 砂锅注水，倒入猪腱肉、火腿、花胶、陈皮，放入姜片、葱白，拌匀。

4 加盖，用大火煮开后转小火续煮2小时至入味。

5 揭盖，倒入切好的白菜叶，拌匀，加盖，焖20分钟至熟软。

6 揭盖，加入盐，拌匀调味，关火后盛出煮好的汤，装碗即可。

山楂麦芽猪腱汤

🕐 *62分钟*   🧠 *补血养颜*

扫一扫看视频

原料： 猪腱肉125克，麦芽12克，陈皮10克，山楂干25克
调料： 盐2克，鸡粉少许，料酒6毫升

做法

1 将洗净的猪腱肉切开，再改切小块。

2 锅中注入适量清水并烧开，倒入猪腱肉、3毫升料酒，汆约2分钟，捞出。

3 砂锅中注水并烧开，放入洗净的麦芽、猪腱肉、山楂干、陈皮，淋入3毫升料酒，煮约60分钟。

4 加入盐、鸡粉，拌匀，转中火再煮一小会儿，盛出装在碗中即成。

清润八宝汤

⏱ 122分钟　🍲 美容养颜

原料：水发莲子80克，无花果4枚，水发芡实95克，水发薏米110克，去皮胡萝卜130克，莲藕200克，排骨250克，百合60克，姜片少许

调料：盐1克

做法

1 洗净的胡萝卜切滚刀块；洗好的莲藕切粗条，再改切成块。

2 沸水锅中倒入切好的排骨，汆煮一会儿，去除血水，捞出，装盘待用。

3 砂锅注水，倒入汆好的排骨、莲藕块、胡萝卜块、泡好的薏米、百合、姜片。

4 加入泡好的莲子、芡实、无花果，煮2小时，加入盐，拌匀调味，盛出即可。

扫一扫看视频

四物汤

🕐 123分钟 🍲 美容养颜

原料： 当归15克，熟地10克，白芍15克，川芎8克，排骨150克

调料： 盐2克

做法

1 当归、熟地、白芍、川芎浸水泡发5分钟，捞出，装入隔渣袋中。

2 沸水锅中放入洗净的排骨，汆煮去血水，捞出，沥干水分。

3 砂锅注入1000毫升清水，倒入汆好的排骨，放入装好汤料的隔渣袋，煮2小时至熟透。

4 取出隔渣袋，加入盐，搅匀调味，盛出即可。

扫一扫看视频

猪大骨海带汤

🕐 101分钟 🍲 养颜瘦身

原料： 猪大骨1000克，海带结120克，姜片少许

调料： 盐2克，鸡粉2克，白胡椒粉2克

做法

1 锅中注水并烧开，倒入猪大骨，汆煮去除杂质，捞出，沥干水分。

2 摆上电火锅，倒入猪大骨、海带结、姜片，注入适量清水，搅匀。

3 盖上锅盖，调旋钮至高挡，煮沸后，调旋钮到中低挡，煮100分钟。

4 掀开锅盖，加入盐、鸡粉、白胡椒粉，煮至食材入味即可。

扫一扫看视频

茯苓百合排骨汤

🕐 122分钟　　🥄 养颜美容

原料： 茯苓10克，芡实10克，龙牙百合30克，红豆25克，薏米20克，生地10克，排骨块200克

调料： 盐2克

做法

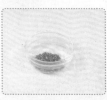

1 茯苓、生地装入隔渣袋里，浸水泡发8分钟后取出；红豆浸水泡发2小时后取出。

2 龙牙百合、芡实、薏米浸水泡发10分钟，取出，装入盘中备用。

3 锅中注水并烧开，放入排骨块，氽煮片刻，捞出，沥干水分，装入盘中。

4 砂锅注水，倒入排骨块、茯苓、生地、红豆、芡实、薏米，煮100分钟。

烹饪小提示

氽过水的排骨可以在凉水中浸泡片刻，口感会更好。

5 放入龙牙百合，续煮20分钟，加入盐，拌至入味即可。

腐竹玉米马蹄汤

⏱ 72分钟　☁ 养颜明目

原料： 排骨块200克，玉米段70克，马蹄60克，胡萝卜50克，腐竹20克，姜片少许

调料： 盐、鸡粉各2克，料酒5毫升

做法

1 洗净去皮的胡萝卜切滚刀块；洗好去皮的马蹄对半切开。

2 锅中注水并烧热，倒入洗净的排骨块，汆去血水，捞出，沥干水分，待用。

3 砂锅中注入适量清水并烧开，倒入排骨、料酒、胡萝卜、马蹄、玉米段、姜片，煮约1小时。

4 倒入腐竹，续煮约10分钟，加入盐、鸡粉，拌至入味，盛出即可。

扫一扫看视频

花胶玉竹淮山美肤汤

⏱ 123分钟　🍲 滋补养颜

原料： 花胶20克，玉竹15克，党参10克，淮山药15克，枸杞15克，蜜枣20克，猪蹄200克

调料： 盐2克

做法

1 花胶浸水泡发12小时；玉竹、党参、淮山药、蜜枣、枸杞均浸水泡发5分钟。

2 沸水锅中放入洗净的猪蹄，汆煮去血水，捞出，沥干水分，装盘待用。

3 砂锅注水，倒入猪蹄，放入泡好的花胶、玉竹、党参、淮山药、蜜枣，煮105分钟。

4 放入泡好的枸杞，续煮15分钟，加入盐，搅匀调味，盛出即可。

扫一扫看视频

金银花茅根猪蹄汤

🕐 100分钟　　🥣 美容抗衰

原料： 猪蹄块350克，黄瓜200克，金银花、白芷、桔梗、白茅根各少许

调料： 盐2克，鸡粉2克，白醋4毫升，料酒5毫升

做法

1 洗好的黄瓜去瓤，切成段，待用。
2 锅中注水并烧开，倒入猪蹄块，淋入白醋、料酒，略煮一会儿，捞出，沥干水分。
3 砂锅注水并烧热，倒入金银花、白芷、桔梗、白茅根，煮沸，倒入猪蹄煲90分钟。
4 放入黄瓜，加入盐、鸡粉，拌匀，续煮约10分钟，盛出即可。

扫一扫看视频

红枣薏米猪蹄汤

🕐 62分钟　　🥣 润泽肌肤

原料： 猪蹄块500克，薏米80克，红枣8克，姜片少许

调料： 盐2克，鸡粉2克

做法

1 锅中注水并烧开，倒入猪蹄块，汆去血水，捞出，装盘备用。
2 砂锅中注水并烧开，倒入姜片、红枣、薏米、猪蹄，炖1小时至食材熟透。
3 揭盖，放入盐、鸡粉，拌匀调味，关火后盛出煮好的汤料，装入碗中即可。

扫一扫看视频

牛大力牛膝煲猪蹄

⏱ 183分钟　🥘 补血养颜

原料： 猪蹄350克，三七15克，牛膝15克，牛大力15克，红枣25克，姜片少许
调料： 盐2克，料酒适量

做法

1 锅中注水并烧开，倒入猪蹄、料酒，汆煮片刻，捞出，沥干水分，装盘。

2 砂锅中注入适量清水，倒入猪蹄、红枣、姜片、三七、牛膝、牛大力，拌匀。

3 加盖，大火煮开转小火煮3小时至全部食材熟透。

4 揭盖，加入盐，稍做搅拌至入味，关火，盛出煲好的猪蹄，装入碗中即可。

扫一扫看视频

枸杞猪心汤

🕐 125分钟　🍲 补血养颜

原料： 猪心150克，枸杞10克，姜片少许，高汤适量

调料： 盐2克

做法

1 锅中注水并烧开，放入切好的猪心，煮约3分钟，捞出，过冷水，装盘。

2 砂锅中注入高汤并烧开，加入盐、姜片、猪心，加盖，用大火煮至沸腾。

3 揭盖，放入洗好的枸杞，拌匀，用小火煮约2小时至食材熟透。

4 用勺搅拌片刻，关火后盛出煮好的汤料，装入碗中即可。

扫一扫看视频

苍术冬瓜猪胰汤

🕐 36分钟　🍲 美容祛毒

原料： 冬瓜150克，猪胰80克，苍术、姜片各少许

调料： 盐2克，鸡粉2克，料酒3毫升

做法

1 将洗净的冬瓜切成小块；洗好的猪胰切成小块。

2 锅中注水并烧开，倒入猪胰、料酒，汆去血水，捞出。

3 砂锅注水，放入姜片、苍术，倒入汆过水的猪胰，加盖，烧开后用小火炖20分钟。

4 揭盖，倒入冬瓜，搅匀，用小火炖15分钟，放入鸡粉、盐，搅匀调味，盛出即可。

扫一扫看视频

胡萝卜牛尾汤

⏱ 132分钟　　🍲 排毒养颜

原料： 牛尾段300克，去皮胡萝卜150克，姜片、葱花各少许
调料： 料酒5毫升，盐2克，鸡粉2克，白胡椒粉2克

做法

1 洗净去皮的胡萝卜切块；沸水锅中放入牛尾段，汆煮约2分钟，捞出，沥干水分，备用。

2 砂锅中注水并烧开，放入牛尾段，淋上料酒，盖上锅盖，用大火煮开。

3 揭开锅盖，放入姜片，煲煮约100分钟，倒入胡萝卜块，续煮约30分钟。

4 揭开锅盖，加入盐、鸡粉、白胡椒粉，搅匀调味，盛入碗中，撒上葱花即可。

扫一扫看视频

羊肉西红柿汤

🕐 22分钟　☁ 抗衰老

原料： 羊肉100克，西红柿100克，高汤适量

调料： 盐2克，鸡粉3克，芝麻油适量

做法

1 砂锅中注入高汤并煮沸，放入洗净切片的羊肉，倒入洗好切瓣的西红柿，拌匀。

2 盖上锅盖，用小火煮约20分钟至食材熟软。

3 揭开锅盖，放入盐、鸡粉，淋入芝麻油，拌匀调味。

4 关火后盛出煮好的汤料，装入碗中即可。

扫一扫看视频

枸杞黑豆炖羊肉

🕐 61分钟　☁ 美容养颜

原料： 羊肉400克，水发黑豆100克，枸杞10克，姜片15克

调料： 料酒18毫升，盐2克，鸡粉2克

做法

1 锅中注水并烧开，倒入羊肉，淋入9毫升料酒，汆去血水，捞出，沥干水分。

2 砂锅中注水并烧开，倒入洗净的黑豆、羊肉、姜片、枸杞、9毫升料酒，搅拌均匀。

3 盖上锅盖，烧开后用小火炖1小时，至全部食材熟透。

4 揭开盖子，放入盐、鸡粉，用勺拌匀调味，盛入汤碗中即可。

西洋参石斛麦冬乌鸡汤

⏱ 130分钟　☁ 抗衰老

原料： 西洋参15克，石斛6克，麦冬10克，枸杞15克，香菇25克，白扁豆20克，乌鸡块200克

调料： 盐2克

扫一扫看视频

做法

1 白扁豆浸水泡发2个小时；香菇浸水泡发30分钟；枸杞、麦冬、石斛、西洋参均浸水泡发10分钟。

2 砂锅中注水并烧开，放入乌鸡块，汆煮片刻，盛出，沥干水分，装入碗中待用。

3 砂锅中注水，放入乌鸡块、西洋参、石斛、麦冬、香菇、白扁豆，煮100分钟。

4 倒入枸杞，续煮20分钟，加入盐，搅至入味，盛出即可。

扫一扫看视频

芝麻润发汤

⏱ 62分钟　🍲 美容养颜

原料： 乌鸡肉150克，红枣10克，黑芝麻粉5克，姜片少许

调料： 盐、鸡粉各2克，料酒适量

做法

1　沸水锅中倒入斩好的乌鸡肉，加入料酒，汆去血水，捞出，装盘待用。

2　砂锅中注水，倒入乌鸡、红枣、姜片、料酒，煮1小时至食材熟透。

3　揭盖，加入黑芝麻粉，加入盐、鸡粉，拌匀入味，盛出煮好的汤料，装入碗中即可。

扫一扫看视频

香附鱼鳔鸡爪汤

⏱ 62分钟　🍲 养颜护肤

原料： 鸡爪300克，香菇20克，当归8克，党参8克，香附5克，水发鱼鳔15克

调料： 盐，鸡粉各1克，料酒适量

做法

1　沸水锅中倒入洗净的鸡爪，加入料酒，汆煮去除腥味，捞出鸡爪，装盘待用。

2　另起砂锅，注入适量清水，倒入当归、党参、香附、泡好的鱼鳔、汆好的鸡爪，加入料酒，用大火煮开后转小火煮30分钟。

3　倒入洗净的香菇，煮30分钟，加入盐、鸡粉，拌匀，盛出即可。

扫一扫看视频

61分钟

消除皱纹

花生鸡爪节瓜汤

原料： 节瓜180克，鸡爪200克，猪骨100克，花生米40克，荷叶5克，红枣20克，姜片少许

调料： 料酒5毫升，鸡粉2克，盐2克

烹饪小提示

节瓜不宜切得太小，以免煮得太烂；鸡爪表面较脏，可以用碱搓洗，去掉黄色茧块。

做法

1 洗净去皮的节瓜去瓤，切块；处理好的鸡爪切去爪尖。

2 砂锅中注水并烧开，倒入鸡爪、猪骨、花生米，煮1分钟，捞出，沥干水分。

3 砂锅中注水，大火烧热，倒入姜片，放入汆煮好的食材。

4 放入节瓜、红枣、荷叶，淋入料酒，搅拌均匀。

5 盖上锅盖，烧开后转小火炖1小时。

6 揭开锅盖，放入盐、鸡粉，搅匀调味，关火后将煮好的汤盛入碗中即可。

美白养颜汤

⏱ 120分钟　🥣 美容养颜

扫一扫看视频

原料： 葛根10克，淮山药15克，红枣20克，枸杞10克，薏米20克，小香菇25克，鸡爪150克

调料： 盐适量

做法

1 小香菇浸水泡发30分钟；枸杞、葛根、淮山药、薏米均浸水泡发8~10分钟。

2 锅中注入1000毫升清水并烧开，加入鸡爪，汆煮片刻去除杂质，捞出鸡爪，沥干水分。

3 锅中注水，倒入鸡爪、泡发滤净的淮山药、葛根、红枣、薏米、小香菇，煮100分钟。

4 倒入泡发滤净的枸杞，续煮20分钟，加入盐，搅匀调味，盛出即可。

扫一扫看视频

益母草鸡蛋汤

🕐 39分钟　　☁ 滋阴养颜

原料： 熟鸡蛋（去壳）2个，枸杞10克，红枣15克，益母草适量
调料： 红糖25克

做法

1 砂锅中注入适量清水并烧热，倒入备好的益母草。

2 放入洗净的红枣、枸杞，再放入备好的熟鸡蛋。

3 加盖，烧开后转小火煮约35分钟，至药材析出有效成分。

4 揭盖，倒入红糖，拌匀，转中火续煮约2分钟，至红糖溶化，盛出即成。

扫一扫看视频

金钱草鸭汤

⏰ 62分钟　🍲 排毒养颜

原料： 鸭块400克，金钱草10克，姜片少许
调料： 盐2克，鸡粉2克

做法

1 锅中注水并烧开，倒入鸭块，去除血末，捞出，沥干水分。

2 砂锅中注水并烧热，倒入鸭块、姜片、金钱草，拌匀，烧开后转小火炖1个小时至熟透。

3 加入盐、鸡粉，搅匀调味，关火后将煮好的鸭汤盛入碗中即可。

扫一扫看视频

青葙子鱼片汤

⏰ 27分钟　🍲 消脂减肥

原料： 豆腐80克，生菜65克，青葙子7克，草鱼肉65克
调料： 盐2克，鸡粉2克，白胡椒粉2克

做法

1 备好的豆腐切成条，再切成块；处理好的草鱼片成片儿。

2 砂锅中注入适量的清水，大火烧开，倒入青葙子、豆腐，搅拌均匀。

3 盖上锅盖，煮开后转小火煮20分钟，掀开锅盖，放入生菜、草鱼肉片。

4 加入盐、鸡粉、白胡椒粉，续煮5分钟至入味，关火，将煮好的汤盛入碗中即可。

扫一扫看视频

郁金大枣鳝鱼汤

🕐 55分钟　　🍲 补血养颜

原料： 鳝鱼肉220克，鳝鱼骨50克，红枣15克，姜片、郁金、延胡索各少许
调料： 盐、鸡粉、料酒各适量

做法

1 洗净的鳝鱼骨切段；洗好的鳝鱼肉切花刀，再切段。

2 鳝鱼肉和鳝鱼骨加盐、鸡粉、料酒腌渍；沸水锅中倒入鳝鱼肉和鳝鱼骨，汆去血水，捞出。

3 砂锅中注入适量清水并烧开，倒入郁金、延胡索，煮约30分钟，捞出药材，倒入红枣、姜片。

4 放入鳝鱼肉和鳝鱼骨、料酒，煮约20分钟，加入少许盐、鸡粉，煮至入味，盛出即可。

扫一扫看视频

柴胡白术炖乌龟

⏱ 123分钟 🍲 滋阴养颜

原料： 乌龟500克，白术、桃仁、柴胡、白花蛇舌草各5克，姜片、葱段各少许

调料： 盐、鸡粉各1克，料酒5毫升

做法

1 白术、桃仁、柴胡、白花蛇舌草放入药包，系好。

2 锅中注水并烧开，放入斩好的乌龟、料酒，汆去血水，捞出，装盘待用。

3 砂锅中注水并烧热，放入药包、乌龟、姜片、葱段，加入料酒，炖2小时至熟软。

4 加入盐、鸡粉，拌匀，拣去药包、姜片、葱段，盛入碗中即可。

扫一扫看视频

枸杞牛膝煮绿豆

⏱ 51分钟 🍲 祛湿解毒

原料： 水发绿豆200克，牛膝、枸杞少许

调料： 白糖适量

做法

1 砂锅中注入适量的清水，大火烧开，倒入备好的牛膝、绿豆。

2 盖上锅盖，大火煮30分钟至析出成分。

3 掀开锅盖，倒入枸杞，盖上锅盖，大火续煮20分钟。

4 掀开锅盖，加入少许白糖，搅拌片刻，使其溶化、食材入味，关火，将煮好的绿豆汤盛入碗中即可。

扫一扫看视频

车前草红枣枸杞汤

⏱ 31分钟 🐷 补血养颜

原料： 红枣30克，车前草15克，枸杞10克

做法

1 砂锅中注入适量清水，大火烧开，倒入红枣、车前草、枸杞，拌匀。

2 加盖，大火煮开转小火煮30分钟至析出有效成分。

3 揭盖，用勺子搅拌片刻至食材混合匀。

4 关火后盛出煮好的汤，装入碗中即可。

扫一扫看视频

决明子消脂瘦身汤

🕐 40分钟　🍵 瘦身排毒

原料： 丹参6克，决明子15克，山楂20克，枸杞15克，冬瓜块150克

调料： 盐2克

做法

1 将丹参、决明子放入隔渣袋，浸泡8分钟，取出；山楂、枸杞均浸泡约8分钟，取出。

2 砂锅中注入1000毫升清水，放入洗净的冬瓜块和泡好的山楂，煮20分钟。

3 放入备好的隔渣袋，用小火续煮约10分钟，倒入泡好的枸杞，转中小火煮约10分钟。

4 放入盐，搅匀，略煮一会儿，至汤汁入味，关火后盛入碗中即可。

扫一扫看视频

南瓜番茄排毒汤

🕐 32分钟　🍵 养颜排毒

原料： 小南瓜230克，小番茄70克，去皮胡萝卜45克，苹果110克

调料： 盐2克，蜂蜜30克

做法

1 洗净的胡萝卜切滚刀块；洗好的苹果切块；洗净的小南瓜切大块，待用。

2 砂锅中注入适量清水，大火烧开，倒入胡萝卜、苹果、小南瓜、小番茄，拌匀。

3 加盐，盖上盖，大火煮开后转小火煮30分钟至食材熟透。

4 揭盖，加入蜂蜜，搅拌片刻至入味，关火后盛出煮好的汤，装碗即可。

扫一扫看视频

番薯蜂蜜银耳羹

🕐 22分钟　　润泽肌肤

原料： 红薯70克，银耳40克，枸杞少许
调料： 蜂蜜、水淀粉各适量

做法

1 将洗净去皮的红薯切开，再切成小块，待用；泡发洗净的银耳切去黄色根部，再切成小块，待用。

2 锅中注水并烧开，倒入切好的红薯、银耳，盖上锅盖，用大火煮20分钟。

3 揭开盖子，倒入备好的枸杞，搅拌均匀，倒入适量水淀粉，搅拌片刻。

4 加入少许蜂蜜，搅拌一会儿，至汤水浓稠，盛入碗中即可。

扫一扫看视频

夏枯草黑豆汤

⏱ 90分钟　☁ 利尿消肿

原料： 水发黑豆300克，夏枯草40克

调料： 冰糖30克

做法

1 砂锅中注入适量清水，大火烧开，倒入备好的黑豆、夏枯草，搅拌片刻。

2 盖上锅盖，煮开后转小火煮1个小时至食材析出有效成分。

3 掀开锅盖，倒入备好的冰糖，盖上锅盖，续煮30分钟使其入味。

4 掀开锅盖，搅拌片刻，将煮好的汤盛入碗中即可。

扫一扫看视频

红豆薏米汤

⏱ 34分钟　☁ 补血养颜

原料： 水发红豆35克，薏米20克，牛奶适量

调料： 冰糖适量

做法

1 锅中注入适量清水，大火烧开，倒入泡发好的红豆、薏米，用勺子搅拌均匀。

2 盖上盖子，烧开后用中火煮30分钟至全部食材软烂。

3 揭开盖子，倒入备好的冰糖，搅拌至冰糖完全溶化，倒入牛奶，搅匀。

4 将煮好的甜汤盛出，装入碗中，待放凉后即可饮用。

经典美颜四红汤

⏱ 60分钟　　🍲 美容养颜

扫一扫看视频

原料： 红豆80克，花生60克，红枣5颗，桂圆10克
调料： 红糖10克

做法

1 砂锅中注水并烧开，倒入泡好的红豆、花生，拌匀。

2 加盖，用大火煮开后转小火续煮30分钟至食材七八分熟软。

3 揭盖，加入桂圆肉、红糖，拌匀至红糖溶化，加盖，续煮15分钟至食材熟透。

4 揭盖，加入红枣，加盖，焖煮10分钟至食材入味，盛出装碗即可。

扫一扫看视频

扫一扫看视频

祛痘祛斑汤

⏱ 61分钟　🖐 美容养颜

原料：龙牙百合20克，杏仁20克，绿豆25克，枸杞10克，红豆25克

调料：冰糖适量

做法

1 龙牙百合、枸杞浸水泡发15分钟；杏仁浸水泡发10分钟；红豆、绿豆浸水泡发2小时。

2 砂锅中注入1000毫升清水，倒入泡发滤净的红豆、绿豆、杏仁，煮50分钟。

3 倒入冰糖，放入泡发滤净的龙牙百合、枸杞，盖上锅盖，煮片刻至完全入味。

4 将煮好的甜汤盛入碗中即可。

养颜燕窝汤

⏱ 13分钟　🖐 滋润肌肤

原料：燕窝45克

调料：冰糖20克

做法

1 锅中注入适量清水，大火烧开，放入已浸泡5小时的燕窝。

2 盖上锅盖，煮约10分钟至其熟透。

3 揭开锅盖，放入备好的冰糖，搅拌均匀，煮至冰糖溶化。

4 关火后盛出煮好的甜汤，装入备好的碗中即可。

扫一扫看视频

滋补枸杞银耳汤

⏱ 1~2小时　　☁ 美容嫩肤

原料： 水发银耳150克，枸杞适量
调料： 白糖适量

做法

1 砂锅中注入适量清水并烧开，将切好的银耳倒入锅中。

2 搅拌片刻，盖上锅盖，烧开后转中火煮1~2小时。

3 揭开锅盖，加入适量的白糖，煮一会儿至白糖溶化。

4 将备好的枸杞倒入锅中，搅拌均匀，把煮好的甜汤盛出，装入碗中即可。

扫一扫看视频

红枣银耳补血养颜汤

🕐 15分钟　🤲 养颜美容

原料：水发银耳40克，红枣25克，枸杞适量
原料：白糖适量

做法

1 泡发洗净的银耳切去黄色根部，切成小块。

2 锅中注水烧开，倒入红枣、银耳，盖上锅盖，烧开后转小火煮10分钟至食材熟软。

3 揭开锅盖，倒入枸杞，拌匀。

4 稍煮片刻后，加入少许的白糖，搅拌溶化，将煮好的甜汤盛出即可。

扫一扫看视频

银耳山药甜汤

🕐 36分钟　🤲 抗衰老

原料：水发银耳160克，山药180克
调料：白糖、水淀粉各适量

做法

1 将去皮洗净的山药切片，再改切成小块；洗净的银耳去除根部，切成小朵。

2 砂锅中注入适量清水，大火烧热，倒入切好的山药、银耳，搅拌均匀。

3 盖上锅盖，烧开后用小火煮约35分钟至食材熟软。

4 揭盖，加入少许白糖，拌匀，转大火略煮，倒入适量水淀粉，拌匀，煮至汤汁浓稠，盛出即可。

清心养颜糖水

⏱ 63分钟　　☁ 润肤养颜

原料： 龙牙百合25克，莲子30克，杏仁20克，银耳35克，无花果适量
调料： 冰糖适量

做法

1 银耳浸水泡发30分钟；莲子浸水泡发1小时；龙牙百合、无花果装碗，浸水泡发20分钟。

2 杏仁浸水泡发10分钟，捞出；捞出泡好的银耳，去除根部，切小块。

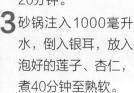

3 砂锅注入1000毫升水，倒入银耳，放入泡好的莲子、杏仁，煮40分钟至熟软。

4 加入泡好的龙牙百合及无花果，煮约20分钟，放入冰糖，搅至溶化即可。

扫一扫看视频

扫一扫看视频

莲子枸杞花生红枣汤

🕐 22分钟　🍲 延缓衰老

原料: 水发花生40克,水发莲子20克,红枣30克,枸杞少许
调料: 白糖适量

做法

1 锅中注水并烧开,将花生、莲子、红枣倒入锅中,搅拌均匀。

2 盖上盖子,用小火煮20分钟至全部食材熟透。

3 揭开盖子,加入枸杞、白糖,搅拌片刻,使白糖完全溶化。

4 将煮好的甜汤盛出,装入碗中即可。

枸杞玉米甜汤

🕐 33分钟　🍲 美容抗衰

原料: 枸杞10克,鲜玉米粒40克
调料: 冰糖20克

做法

1 将鲜玉米粒倒在面板上,切碎,装盘待用。

2 砂锅中注入适量清水并烧开,加入冰糖,搅拌一下,转小火煮2分钟,至冰糖溶化。

3 倒入玉米碎、枸杞,盖上锅盖,大火烧开后转小火煮约30分钟,至全部食材熟透。

4 掀盖,搅拌均匀,关火后盛出煮好的甜汤,装在碗中即可。

蔓越莓桃胶银耳羹

🕐 61分钟　　☁ 养颜美容

扫一扫看视频

原料： 桃胶8克，蔓越莓20克，银耳30克，薏米25克，枸杞子10克，红皮花生30克

调料： 冰糖适量

做法

1 桃胶加清水泡发8小时；蔓越莓、枸杞加清水泡发10分钟；银耳加清水泡发30分钟。

2 薏米、花生加清水泡发10分钟；将泡发好的银耳切去根部，再切成块。

3 锅中注入1000毫升清水，倒入泡发滤净的桃胶、银耳、薏米、花生，煮50分钟至熟软。

4 倒入泡发滤净的蔓越莓、枸杞、冰糖，小火继续煲煮10分钟，盛出即可。

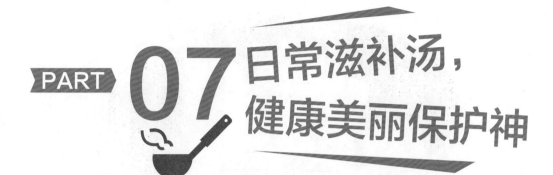

PART 07 日常滋补汤，健康美丽保护神

　　坚持一种好的行为，收获一种良好的习惯；保持一种良好的习惯，收获一个健康的身心。俗话说，一口吃不成胖子，凡事都在于一点一滴的坚持。身心的滋补，要靠日常的积累，每天一小步，便是健康美丽一大步。想要健康美丽，不需要昂贵的医药，也不需要山珍海味，平常的食材，普通的滋补汤品便可助你达成目标。在本章中，你可以看到一道道"内外"皆美的汤品，它们虽然是再寻常不过的食材，但却能谱写美丽动人的诗篇，让健康与美丽常伴你我左右。

茯苓百合养胃汤

122分钟　开胃消食

原料： 茯苓10克，龙牙百合25克，白术10克，甘草10克，淮山药20克，党参15克，莲藕块200克

调料： 盐2克

扫一扫看视频

做法

1 将茯苓、白术、甘草装入隔渣袋，放入碗中，与淮山药、党参一起泡发10分钟。

2 龙牙百合泡发20分钟，取出；将泡好的隔渣袋、淮山药、党参取出。

3 砂锅中注水，放入隔渣袋，倒入莲藕块、淮山药、党参，煮100分钟。

4 放入龙牙百合，续煮20分钟至熟软，加入盐，拌至入味，盛出即可。

扫一扫看视频

决明子蔬菜汤

⏱ 42分钟　🥄 补充钙质

原料： 小白菜85克，水发海带结120克，决明子40克，枸杞15克，白萝卜200克
调料： 盐、鸡粉各少许

做法

1 将去皮洗净的白萝卜切滚刀块。

2 砂锅中注水，放入洗净的决明子，煮20分钟，捞出，倒入萝卜块、洗净的海带结。

3 续煮约20分钟，撒上洗净的枸杞、小白菜，拌匀。

4 加入盐、鸡粉，拌匀调味，用中火煮至食材入味，盛出煮好的汤料，装在汤碗中即成。

扫一扫看视频

泽泻马蹄汤

⏱ 20分钟　🥄 清热开胃

原料： 马蹄肉140克，泽泻少许
调料： 盐2克

做法

1 洗净的马蹄肉对半切开，备用。

2 砂锅中注入适量清水并烧热，倒入备好的泽泻、马蹄肉。

3 盖上锅盖，烧开后用小火煮约20分钟至食材熟透。

4 揭开锅盖，加入盐，拌匀调味，关火后盛出煮好的马蹄汤即可。

扫一扫看视频

香菇炖竹荪

⏱ 35分钟　☁ 降低血压

原料： 鲜香菇70克，菜心100克，水发竹荪40克，高汤200毫升
调料： 盐3克，食用油适量

做法

1 洗好的竹荪切成段；洗净的香菇切上十字花刀。

2 沸水锅中放入2克盐、食用油、菜心，煮1分钟，捞出菜心；倒入香菇、竹荪，再煮半分钟，捞出食材。

3 把香菇、竹荪装入碗中；高汤倒入锅中，煮沸，放入1克盐，拌匀，再倒入装有香菇和竹荪的碗中。

4 将碗放入烧开的蒸锅中，隔水蒸30分钟，至全部食材熟软，取出蒸碗，放入菜心即可。

薏米南瓜汤

🕐 147分钟　☁ 降低血脂

原料： 南瓜150克，水发薏米100克，金华火腿15克，金华火腿末、葱花各少许

调料： 盐2克

做法

1 洗净去皮的南瓜切片；火腿切成片；取一个蒸碗，摆放好南瓜、火腿片。

2 砂锅中注水，倒入洗净的薏米，煮2小时至熟软，盛出薏米，装入碗中。

3 在南瓜和火腿片上撒上盐，倒入薏米汤；蒸锅中注水烧开，放入蒸碗。

4 用大火蒸25分钟至食材熟透，取出蒸碗，撒上火腿末、葱花即可。

甘蔗木瓜炖银耳

🕐 30分钟　☁ 降低血压

原料： 水发银耳150克，无花果40克，水发莲子80克，甘蔗200克，木瓜200克

调料： 红糖60克

做法

1 洗净的银耳切去黄色的根部，再切成小块；洗好去皮的甘蔗敲破，切成段；洗净的木瓜去皮，切块，改切成丁。

2 锅中注水并烧开，放入洗净的莲子、无花果、甘蔗、银耳。

3 盖上锅盖，烧开后用小火炖20分钟，放入木瓜，再炖10分钟。

4 放入红糖，拌匀，煮至溶化，盛出煮好的汤料，装入汤碗中即可。

扫一扫看视频

霸王花杏仁薏米汤

⏱ *120分钟*　🫃 健胃益脾

原料： 霸王花10克，薏米10克，扁豆20克，无花果25克，杏仁、土茯苓各10克，瘦肉200克

调料： 盐2克

做法

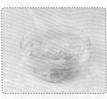

1 扁豆浸泡2个小时；霸王花浸泡30分钟；汤料包中剩余食材浸泡10分钟。

2 锅中注水并烧开，倒入瘦肉，搅匀汆去杂质，捞出，沥干水分，待用。

3 锅中注水，倒入瘦肉块、霸王花、扁豆、薏米、无花果、杏仁、土茯苓，搅匀。

4 盖上锅盖，开大火煮开后转小火煮2个小时至熟软。

烹饪小提示

扁豆可以用温水泡一会儿，这样能缩短制作时间。

5 掀开锅盖，加入盐，搅匀调味，盛入碗中即可。

虫草花猴头菇竹荪汤

⏱ *122分钟*　🧠 *健脾止泻*

扫一扫看视频

原料： 虫草花10克，猴头菇30克，竹荪50克，淮山药15克，太子参10克，瘦肉200克

调料： 盐适量

做法

1 猴头菇泡发30分钟；虫草花、太子参、淮山药泡发10分钟；竹荪泡发10分钟。

2 捞出泡好的虫草花、太子参、淮山药、竹荪、猴头菇；沸水锅中放入瘦肉块，略煮后捞出。

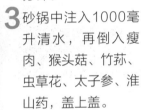

3 砂锅中注入1000毫升清水，再倒入瘦肉、猴头菇、竹荪、虫草花、太子参、淮山药，盖上盖。

4 用大火煮开后转小火续煮2小时，揭盖，加入盐，搅匀调味，盛出即可。

扫一扫看视频

183分钟

健脾止泻

沙参玉竹海底椰汤

原料： 海底椰20克，玉竹20克，沙参30克，瘦肉250克，去皮莲藕200克，玉米150克，佛手瓜170克，姜片少许

调料： 盐2克

烹饪小提示

沙参和玉竹用温水冲洗一下，去除上面的泥沙；煮莲藕时忌用铁器，以免食物发黑。

做法

1 洗净的去皮莲藕、佛手瓜均切块；洗净的玉米切段；洗好的瘦肉切块。

2 锅中注水并烧开，倒入瘦肉，氽煮片刻，捞出，沥干水分。

3 砂锅中注入适量清水，倒入瘦肉、莲藕、佛手瓜、玉米、姜片、海底椰、玉竹、沙参，拌匀。

4 加盖，大火煮开转小火煮3小时至全部食材熟透。

5 揭盖，加入盐，搅拌片刻至入味。

6 关火后盛出煮好的汤，装入碗中即可。

板栗玉米花生瘦肉汤

🕐 122分钟　🧠 健脑益智

原料：板栗肉、花生米各30克，胡萝卜丁40克，猪瘦肉、玉米各100克，姜片少许，高汤适量

调料：盐2克

做法

1 锅中注水并烧开，倒入洗净切好的猪瘦肉，煮约2分钟，氽去血水，捞出，过冷水，装盘。

2 砂锅中注入高汤并烧开，倒入瘦肉、洗净的玉米、板栗肉。

3 倒入胡萝卜、花生米、姜片，搅拌均匀，盖上锅盖，炖约2小时至食材熟透。

4 揭开锅盖，加入盐，拌匀调味，盛出炖煮好的汤料，装入备好的碗中即可。

扫一扫看视频

益母草红枣三七瘦肉汤

🕐 120分钟　🍲 降低血脂

原料： 益母草15克，红枣25克，黄精10克，枸杞15克，三七10克，瘦肉150克
调料： 盐适量

做法

1 红枣、黄精、三七泡发10分钟；益母草装入隔渣袋，泡发10分钟；枸杞泡发10分钟。

2 锅中注水并烧开，倒入瘦肉，搅匀氽煮去除杂质，捞出。

3 砂锅中注入1000毫升清水，放入瘦肉、隔渣袋、红枣、黄精、三七，搅匀，煮100分钟。

4 加入泡发滤净的枸杞，续煮20分钟，加入少许盐，搅匀调味，盛出即可。

扫一扫看视频

蚕豆瘦肉汤

🕐 42分钟　　😋 开胃消食

原料： 水发蚕豆220克，猪瘦肉120克，姜片、葱花各少许

调料： 盐、鸡粉各2克，料酒6毫升

做法

1 洗净的瘦肉切条形，再切成丁。

2 锅中注水并烧开，倒入瘦肉丁，淋入3毫升料酒，煮约1分钟，捞出，沥干水分，备用。

3 砂锅中注水并烧开，倒入瘦肉丁、姜片、蚕豆，淋入3毫升料酒，煮约40分钟至熟软。

4 加入盐、鸡粉，拌匀，用中火煮至入味，装入碗中，撒上葱花即成。

扫一扫看视频

菟丝子女贞子瘦肉汤

🕐 41分钟　　😋 降低血糖

原料： 菟丝子8克，女贞子8克，枸杞10克，瘦肉300克

调料： 料酒8毫升，盐2克，鸡粉2克

做法

1 瘦肉切条，再改切成丁。

2 砂锅注入适量清水并烧开，放入菟丝子、女贞子和枸杞。

3 倒入瘦肉丁，搅散，淋入料酒，拌匀，盖上锅盖，烧开后小火炖40分钟至熟软。

4 揭开盖子，放入盐、鸡粉，用锅勺拌匀调味，将煮好的汤料盛入汤碗中即可食用。

扫一扫看视频

西洋参川贝苹果汤

🕐 122分钟　🥣 降低血糖

原料： 苹果120克，川贝20克，西洋参8克，瘦肉180克，雪梨130克，无花果15克，蜜枣25克，杏仁10克

调料： 盐2克

做法

1 洗净的雪梨、苹果均去核，切块；洗净的瘦肉切大块，放入沸水锅，余2分钟，捞出，沥干水分。

2 砂锅中注入适量清水并烧热，倒入瘦肉块、苹果、雪梨、西洋参、川贝、蜜枣、杏仁、无花果。

3 盖上锅盖，大火烧开后转小火煲煮约120分钟，至食材熟透。

4 揭盖，加入盐，拌匀，略煮至汤汁入味，盛出，装在碗中即可。

扫一扫看视频

木耳苹果红枣瘦肉汤

🕐 1~3小时　🍲 降低血脂

原料: 瘦肉块80克,木耳30克,玉米段20克,胡萝卜块20克,苹果块30克,红枣、姜片各少许,高汤适量

调料: 盐2克

做法

1 锅中注水并烧开,倒入洗净的瘦肉块,汆煮片刻,捞出,沥干水分,过一次冷水。

2 砂锅中倒入适量高汤,倒入汆过水的瘦肉、木耳、玉米、胡萝卜、苹果、红枣、姜片,搅拌均匀。

3 盖上锅盖,用大火煮15分钟,转中火煮1~3小时,加入盐调味,盛出即可。

扫一扫看视频

山楂麦芽消食汤

🕐 182分钟　🍲 开胃消食

原料: 瘦肉150克,麦芽15克,蜜枣10克,陈皮1片,山楂15克,淮山1片,姜片少许

调料: 盐2克

做法

1 洗净的瘦肉切成块。

2 锅中注水并烧开,倒入瘦肉,汆煮片刻,捞出,沥干水分,装盘。

3 砂锅中注水,倒入瘦肉、姜片、陈皮、蜜枣、麦芽、淮山、山楂,煮3小时至熟软。

4 揭盖,加入盐,搅拌片刻至入味,装入碗中即可。

扫一扫看视频

152分钟

开胃消食

干贝茯神麦冬煲瘦肉

原料： 瘦肉180克，玉竹、沙参、麦冬、淮山、茯神、姜片、桂圆肉、红枣、干百合各少许，水发干贝35克

调料： 盐少许

烹饪小提示

饮用时可撒入少量的胡椒粉，中和汤汁的苦味。

做法

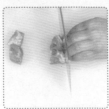

1 将洗净的瘦肉切成条形，再切丁。

2 锅中注水并烧开，倒入瘦肉丁，焯煮约1分钟，去除血渍，捞出，沥干水分。

3 砂锅中注水并烧热，倒入焯好的瘦肉丁，放入玉竹、沙参、麦冬、淮山、茯神。

4 倒入姜片、桂圆肉、红枣和干百合，撒上洗净的干贝，拌匀。

5 盖上锅盖，大火烧开后转小火炖煮约150分钟，至食材熟透。

6 揭盖，加入少许盐，拌匀，改中火略煮至汤汁入味，盛出，装在碗中即可。

巴戟天排骨汤

🕐 123分钟　🥣 降低血脂

扫一扫看视频

原料： 巴戟天10克，杜仲8克，续断6克，核桃仁20克，黄芪15克，小香菇20克，排骨200克

调料： 盐2克

做法

1 巴戟天、杜仲、黄芪、续断装进隔渣袋，泡发10分钟，捞出；小香菇泡发30分钟，捞出。

2 沸水锅中倒入洗净的排骨，汆煮去除血水，捞出，沥干水分，装盘待用。

3 砂锅注入1000毫升清水，倒入汆好的排骨、核桃仁、隔渣袋、小香菇，拌匀。

4 加盖，用大火煮开后转小火续煮120分钟，加入盐，搅匀调味即可。

淮山百合排骨汤

⏱ 123分钟　🫘 降压降糖

原料： 玉竹15克，淮山药15克，枸杞10克，龙牙百合30克，薏米35克，排骨块100克

调料： 盐2克

做法

1 将玉竹、淮山药、枸杞、龙牙百合、薏米放入清水中清洗干净，捞出沥干水分。

2 再将玉竹、淮山药、枸杞、龙牙百合、薏米装碗，倒入清水泡发10分钟，捞出。

3 锅中注水并烧开，放入排骨块，汆煮片刻，捞出，沥干水分，装入盘中。

4 砂锅中注水并烧开，倒入排骨块、玉竹、淮山药、龙牙百合、薏米，煮100分钟。

烹饪小提示

排骨汆煮的时间不要太久，以免营养成分流失，同时还会降低口感。

5 放入枸杞，拌匀，续煮20分钟至枸杞熟软，加入盐，搅拌入味即可。

200

杜仲枸杞骨头汤

⏱ 121分钟 🧠 保护视力

原料： 杜仲10克，枸杞15克，核桃仁20克，黑豆20克，红枣25克，筒骨200克
调料： 盐适量

做法

1 将黑豆泡发1小时，取出；枸杞泡发10分钟，取出；杜仲、红枣泡发10分钟，取出。

2 砂锅中注水并烧开，倒入筒骨，搅匀汆煮片刻，捞出，沥干水分，待用。

3 砂锅中注入1000毫升清水，倒入筒骨、红枣、杜仲、黑豆，再放入核桃仁，拌匀，煮100分钟。

4 倒入泡发滤净的枸杞，续煮20分钟，加入适量盐，搅匀调味即可。

扫一扫看视频

花生红枣木瓜排骨汤

🕐 /~3小时　　🧠 益智健脑

原料：排骨块180克，木瓜块80克，花生米70克，红枣20克，核桃仁15克，高汤适量

调料：盐3克

做法

1 锅中注水并烧开，倒入洗净的排骨块，拌匀，煮约2分钟，汆去血水，捞出，过一下冷水。

2 砂锅中注入适量高汤并烧开，倒入排骨、木瓜、红枣、花生米、核桃仁，拌匀。

3 盖上锅盖，用大火烧开后转小火炖1~3小时至食材熟透。

4 揭开锅盖，加入盐，拌匀调味，盛出炖煮好的汤料，装入备好的碗中即可。

芡实茯苓筒骨汤

⏱ *120分钟* 🍲 *健脾*

原料： 芡实10克，茯苓10克，红枣25克，黑木耳25克，枸杞10克，牛膝8克，丹参8克，筒骨100克

调料： 盐适量

做法

1 芡实、红枣泡发10分钟；黑木耳泡发30分钟；枸杞泡发8~10分钟；将茯苓、牛膝、丹参装入隔渣袋，收紧袋口，泡发8~10分钟。

2 锅中注水并烧开，倒筒骨汆去血水，捞出。

3 砂锅中注入1000毫升清水，倒入筒骨、泡发滤净的隔渣袋、黑木耳、红枣、芡实，煮100分钟。

4 倒入枸杞，续煮20分钟，加入少许的盐，搅匀调味即可。

棒骨补骨脂莴笋汤

⏱ *77分钟* 🍲 *补钙*

原料： 猪棒骨170克，莴笋130克，补骨脂10克，姜片、葱段、草果各少许

调料： 盐、鸡粉各2克，料酒4毫升

做法

1 去皮洗净的莴笋切滚刀块，备用。

2 锅中注水并烧热，倒入猪棒骨，煮约2分钟，汆去血水，捞出，沥干水分。

3 砂锅中注水并烧热，倒入猪棒骨、补骨脂、姜片、葱段、草果，淋入料酒，煮1小时。

4 倒入莴笋，续煮15分钟，加入鸡粉、盐，拌匀入味，盛出即成。

酸枣仁养神筒骨汤

⏱ 123分钟　🧠 防癌抗癌

原料： 酸枣仁20克，枸杞15克，沙参15克，玉竹10克，淮山药10克，筒骨200克
调料： 盐2克

做法

1 将酸枣仁、沙参、玉竹、淮山药和枸杞分别用清水泡发5分钟，捞出。

2 将枸杞放入干净的碟中，其余汤料装入隔渣袋里，待用。

3 沸水锅中放入洗净的筒骨，氽煮一会儿，捞出，沥干水分，装盘待用。

4 砂锅注入1000毫升水，倒入筒骨、隔渣袋，大火煮开后转小火续煮100分钟。

烹饪小提示

氽煮筒骨的时候可以放入少许姜片，以便更有效地去腥。

5 倒入泡好的枸杞，搅匀，煮20分钟至枸杞熟软，加入盐，搅匀调味即可。

淮山板栗猪蹄汤

⏱ 120分钟　🍲 开胃消食

扫一扫看视频

原料：猪蹄500克，板栗150克，淮山、姜片各少许
调料：盐3克

做法

1 锅中注水，大火烧开，倒入猪蹄，搅拌片刻去除血水杂质，捞出，沥干水分。

2 砂锅中注入适量清水，大火烧热，倒入猪蹄、淮山、板栗、姜片，搅拌片刻。

3 盖上锅盖，烧开后转小火煮2个小时至药性析出。

4 掀开锅盖，撇去汤面的浮沫，加入盐，搅匀调味，盛出即可。

扫一扫看视频

霸王花枇杷叶猪肚汤

 182分钟　　健脾止泻

原料： 猪肚300克，枇杷叶10克，水发霸王花30克，无花果4枚，蜜枣10克，杏仁30克，太子参25克，水发百合45克，姜片少许

调料： 盐2克，牛奶适量

做法

1 锅中注水并烧开，倒入猪肚，汆煮片刻，捞出，沥干水分；猪肚切成粗条，装入盘中，待用。

2 砂锅中注水，倒入猪肚、枇杷叶、霸王花、无花果、蜜枣、百合、太子参、杏仁、姜片。

3 加盖，大火煮开转小火煮3小时至析出有效成分。

4 揭盖，加入盐，拌匀，倒入适量牛奶，拌匀，盛出煮好的汤，装入碗中即可。

扫一扫看视频

车前草猪肚汤

126分钟　健脾益胃

原料：猪肚200克，水发薏米、水发赤小豆各35克，车前草、蜜枣、姜片各少许

调料：盐、鸡粉各2克，料酒、胡椒粉各适量

做法

1　锅中注水并烧开，倒入洗净的猪肚，去除异味，捞出，沥干水分，切成粗丝，待用。

2　砂锅中注水并烧热，倒入备好的猪肚，放入备好的车前草、蜜枣、薏米、赤小豆。

3　放入姜片，淋入少许料酒，盖上锅盖，烧开后用小火煮2小时。

4　揭开锅盖，加入盐、鸡粉、胡椒粉，拌匀，拣出车前草，关火后盛出煮好的汤料即可。

扫一扫看视频

白术淮山猪肚汤

61分钟　补气健脾

原料：白术10克，淮山30克，红枣20克，枸杞10克，猪肚400克

调料：盐3克，鸡粉2克，料酒10毫升，胡椒粉适量

做法

1　处理洗净的猪肚切块，再切条。

2　锅中注水并烧开，倒入猪肚，煮至沸腾，氽去血水捞出，沥干水分。

3　砂锅中注水并烧开，放入洗净的白术、淮山、红枣、枸杞、猪肚，淋入料酒。

4　盖上锅盖，烧开后用小火炖1小时，揭盖，放入盐、鸡粉、胡椒粉，拌匀入味，盛出即可。

扫一扫看视频

天麻炖猪脑汤

 129分钟　补脑

原料： 天麻5克，川芎10克，枸杞15克，核桃20克，莲子25克，竹荪10克，猪脑1个

调料： 盐2克

做法

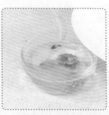

1 莲子泡发1小时；竹荪泡发30分钟；天麻、川芎、核桃泡发10分钟；枸杞泡发10分钟。

2 锅中注水并烧开，倒入猪脑，煮去杂质，捞出，沥干水分。

3 锅中注入1000毫升清水，倒入猪脑、泡发滤净的天麻、川芎、核桃、莲子、竹荪，煮100分钟。

4 加入枸杞，继续小火煮20分钟，加入盐，搅匀调味，盛出即可。

208

扫一扫看视频

桑叶猪肝汤

⏱ 12分钟　🍃 保护视力

原料： 猪肝220克，桑叶8克，姜片、葱段各少许
调料： 盐、鸡粉各2克，胡椒粉少许，料酒4毫升

做法

1. 将洗净的猪肝切薄片。
2. 锅中注水并烧开，倒入猪肝片，淋入料酒，用大火煮约1分钟，捞出，沥干水分。
3. 砂锅中注水并烧热，倒入桑叶，煮约5分钟，倒入猪肝片，撒上姜片、葱段。
4. 用中火煮约5分钟，加入盐、鸡粉、胡椒粉，略煮至汤汁入味，盛出即成。

扫一扫看视频

佛手元胡猪肝汤

⏱ 16分钟　🍃 排毒

原料： 猪肝270克，佛手、元胡、制香附、姜片、葱花各少许
调料： 盐、鸡粉各少许，料酒4毫升，胡椒粉2克，水淀粉4毫升

做法

1. 将洗好的猪肝切片，加入盐、鸡粉、水淀粉、料酒，拌匀，腌渍片刻。
2. 砂锅中注水并烧热，倒入佛手、元胡、制香附，撒上姜片，用中小火煮约15分钟。
3. 揭开锅盖，加入盐、鸡粉调味，放入猪肝，略煮一会儿。
4. 撒上胡椒粉，拌匀，至食材入味，撇去浮沫，撒上葱花，拌匀即可。

扫一扫看视频

玉米胡萝卜鸡肉汤

⏱ 62分钟　🍲 利尿

原料： 鸡肉块350克，玉米块170克，胡萝卜120克，姜片少许
调料： 盐、鸡粉各3克，料酒适量

做法

1 洗净的胡萝卜切开，改切成小块，备用。

2 锅中注水并烧开，倒入鸡肉块、料酒，汆去血水，捞出，沥干水分，待用。

3 砂锅中注水并烧开，倒入汆过水的鸡肉、胡萝卜、玉米块、姜片，淋入料酒，搅拌均匀。

4 盖上锅盖，烧开后用小火煮约1小时，放入盐、鸡粉，拌匀调味，盛出即可。

扫一扫看视频

黄芪猴头菇鸡汤

🕐 61分钟 　🍲 降低血脂

原料： 鸡肉块600克，黄芪10克，水发猴头菇60克，姜片、葱花各少许

调料： 料酒20毫升，盐3克，鸡粉2克

做法

1 洗好的猴头菇切块。

2 锅中注水并烧开，倒入洗净的鸡肉块、10毫升料酒，汆去血水，捞出，沥干水分，备用。

3 砂锅注水烧开，倒入鸡肉块、黄芪、姜片、猴头菇、10毫升料酒拌匀。

4 盖上锅盖，烧开后用小火炖1小时，加入盐、鸡粉，略煮，盛出，撒上葱花即可。

扫一扫看视频

鲍鱼沙参玉竹板栗煲鸡

🕐 123分钟 　🍲 防癌抗癌

原料： 鸡肉300克，鲍鱼100克，冬瓜块100克，板栗肉30克，沙参5克，玉竹5克，火腿5克，高汤500毫升

调料： 盐2克

做法

1 锅中注水并烧开，放入洗净斩件的鸡肉块，汆去血水，捞出，过冷水，装盘待用。

2 砂锅中注入高汤并烧开，倒入冬瓜块、洗好切半的板栗、洗净切碎的火腿、洗好的沙参、玉竹。

3 倒入汆过水的鸡肉、洗好的鲍鱼，烧开后转中火煲约2小时，加盐拌匀调味，盛出即可。

扫一扫看视频

123分钟

增强记忆力

虫草花西洋参鸡汤

原料： 虫草花10克，西洋参15克，莲子25克，枸杞10克，黄芪10克，小香菇20克，乌鸡块200克

调料： 盐2克

烹饪小提示

炖乌鸡时，在汤里放两个咸梅干，鸡肉就会迅速变软，也可以起到"骨肉分离"的作用。

做法

1 将虫草花、西洋参、黄芪和小香菇、莲子、枸杞分别洗净，浸水泡发。

2 锅中注入适量清水并烧开，放入洗净的乌鸡块，搅匀，汆去血渍后捞出。

3 砂锅中注入1000毫升清水，倒入乌鸡块、泡发好的虫草花、西洋参、黄芪和小香菇、莲子。

4 盖上锅盖，大火烧开后转小火煲煮约100分钟至食材熟软。

5 揭盖，倒入泡好的枸杞，用小火续煮约20分钟至全部食材熟透。

6 放入盐调味，略煮一小会儿，盛入碗中即可食用。

养肝健脾神仙汤

⏱ 123分钟　　🍲 健脾止泻

原料： 灵芝10克，淮山药15克，枸杞15克，小香菇20克，麦冬8克，红枣，乌鸡块200克

调料： 盐2克

做法

1 香菇浸泡30分钟；枸杞和灵芝、麦冬、红枣分别浸泡5分钟，捞出。

2 砂锅中注水并烧开，放入乌鸡块，汆煮去血水，捞出，沥干水分，待用。

3 砂锅中注入1000毫升水并烧热，放入乌鸡块、香菇、灵芝、淮山药、麦冬、红枣，煮100分钟。

4 倒入枸杞，拌匀，续煮20分钟至枸杞熟软，加入盐，搅至入味，盛出即可。

扫一扫看视频

花菇灵芝煲鸡腿

🕐 41分钟   ☁ 降低血压

原料： 鸡腿块300克，花菇40克，姜片、花生米、灵芝、枸杞各少许
调料： 盐2克，鸡粉2克

做法

1 锅中注水并烧开，倒入鸡腿块，拌匀，煮约1分钟，捞出，沥干水分，装盘。

2 砂锅中注入适量清水并烧开，倒入鸡腿块，放入洗好的花菇，撒入姜片、花生米、灵芝、枸杞。

3 盖上锅盖，用大火烧开后转小火煮约40分钟至熟软。

4 揭开锅盖，加入盐、鸡粉，拌匀，煮至食材入味，盛出煮好的汤品即可。

扫一扫看视频

桑寄生连翘鸡爪汤

🕐 41分钟　　🥘 清热消肿

原料：桑寄生15克，连翘15克，蜜枣2颗，鸡爪350克

调料：盐2克，鸡粉2克

1 洗净的鸡爪切去爪尖，斩成小块。

2 锅中注水烧开，倒入鸡爪，煮至沸腾，捞出，沥干水分，待用。

3 砂锅中注水并烧开，倒入鸡爪、桑寄生、连翘，加入蜜枣，煮40分钟。

4 放入盐、鸡粉，搅拌片刻至食材入味，盛出煮好的汤料，装入碗中即可食用。

扫一扫看视频

枳实淮山鸭汤

🕐 45分钟　　🥘 健脾止泻

原料：鸭肉块400克，桂圆肉15克，淮山20克，姜片、枳实各少许

调料：盐2克，鸡粉2克，料酒适量

1 锅中注水并烧开，倒入洗好的鸭肉块，汆去血渍，撇去浮沫，捞出，沥干水分，待用。

2 砂锅中注水并烧热，倒入桂圆肉、淮山、姜片、枳实，用大火煮5分钟。

3 倒入汆过水的鸭肉块，拌匀，加入料酒，烧开后用中小火煮35分钟。

4 揭盖，加入盐、鸡粉，拌匀调味，关火后盛出煮好的汤料即可。

扫一扫看视频

桂圆益智鸽肉汤

⏱ 122分钟　🧠 益智

原料：益智仁5克，桂圆15克，枸杞15克，陈皮5克，莲子25克，乳鸽1只

调料：盐适量

做法

1 益智仁装入隔渣袋，浸泡10分钟；陈皮、枸杞、桂圆浸泡10分钟；莲子泡发1小时。

2 锅中注入适量清水并烧开，倒入鸽肉，汆去血水，捞出，沥干水分，待用。

3 砂锅中注入清水，倒入鸽肉、泡发滤净的莲子、隔渣袋、陈皮，煮100分钟。

4 倒入泡发滤净的枸杞、桂圆，拌匀，小火续煮20分钟，放入少许盐，搅匀调味，盛出即可。

扫一扫看视频

桂圆红枣银耳炖鸡蛋

🕐 22分钟 健脾胃

原料： 水发银耳50克，桂圆肉20克，红枣30克，熟鸡蛋1个

调料： 冰糖适量

做法

1 锅中注入适量清水并烧开，放入熟鸡蛋，再加入洗好的银耳、桂圆肉、红枣，搅拌匀。

2 盖上锅盖，烧开后用大火煮20分钟。

3 揭开锅盖，加入备好的冰糖，搅拌至冰糖完全溶化。

4 将煮好的甜汤盛出，装入碗中即可。

扫一扫看视频

陈皮红豆鲤鱼汤

🕐 28分钟 补脾健胃

原料： 鲤鱼肉350克，红豆60克，姜片、葱段、陈皮各少许

调料： 盐、鸡粉各2克，料酒4毫升，食用油适量

做法

1 用油起锅，放入洗净的鲤鱼肉，中小火煎一会儿，至两面断生。

2 撒上姜片，爆香，注入适量开水，倒入洗净的红豆，撒上葱段。

3 淋入料酒，放入洗净的陈皮，拌匀，加盖，烧开后用小火煮约25分钟。

4 揭盖，撇去浮沫，加入盐、鸡粉，拌匀，略煮片刻至食材入味，盛出即成。

扫一扫看视频

芹菜鲫鱼汤

⏱ 73分钟　🍲 增强免疫力

原料: 芹菜60克，鲫鱼160克，砂仁8克，制香附10克，姜片少许
调料: 盐、鸡粉、胡椒粉各1克，料酒5毫升，食用油适量

做法

1 洗净的芹菜切段；洗好的鲫鱼两面分别切上一字花刀。

2 用油起锅，放入鲫鱼，稍煎2分钟至表面微黄，放入姜片，爆香。

3 淋入料酒，注入适量清水，倒入砂仁、制香附，加盖，煮约1小时至熟软。

4 揭盖，倒入切好的芹菜，续煮10分钟，加入盐、鸡粉、胡椒粉，拌匀调味，盛出即可。

扫一扫看视频

玉竹党参鲫鱼汤

⏱ 30分钟　🍲 降低血糖

原料： 鲫鱼500克，去皮胡萝卜150克，玉竹5克，党参7克，姜片少许

调料： 盐、鸡粉各1克，料酒5毫升，食用油适量

做法

1 洗好的胡萝卜切片，再改切成丝。

2 砂锅中倒入食用油，放入处理干净的鲫鱼、姜片，加入料酒、清水、玉竹、党参，拌匀。

3 加盖，煲15分钟，揭盖，倒入切好的胡萝卜，续煮10分钟至食材熟软。

4 加入盐、鸡粉，拌匀，关火后盛出煮好的汤，装碗即可。

扫一扫看视频

泽泻鲫鱼汤

⏱ 13分钟　🍲 开胃消食

原料： 鲫鱼270克，泽泻15克，姜片、葱花各少许

调料： 料酒4毫升，盐、鸡粉各2克，食用油适量

做法

1 用油起锅，放入姜片，爆香，再放入处理好的鲫鱼，用小火煎出焦香味，至两面断生。

2 淋入料酒，注入适量热水，放入备好的泽泻，拌匀，加入盐、鸡粉调味。

3 盖上锅盖，烧开后用小火煮约10分钟至食材熟透。

4 揭开锅盖，轻轻搅匀，关火后将煮好的汤料盛入碗中，撒上葱花即可。

扫一扫看视频

葛根赤小豆黄鱼汤

⏱ *125分钟* 🍖 *增强免疫力*

原料： 去皮胡萝卜90克，去皮葛根75克，水发赤小豆85克，瘦肉90克，水发白扁豆75克，水发眉豆55克，黄鱼块100克

调料： 盐2克，食用油适量

做法

1 洗净的胡萝卜切滚刀块；洗好的瘦肉切块；洗净去皮的葛根切厚片。

2 锅中注水并烧开，倒入瘦肉块，汆煮片刻，捞出，沥干水分，装入盘中。

3 热锅注油，放入黄鱼块，煎约3分钟至两面微黄，盛出，装入盘中。

4 砂锅注水并烧开，倒入瘦肉、黄鱼、胡萝卜、葛根、眉豆、白扁豆、赤小豆，拌匀。

烹饪小提示

黄鱼洗净后要沥干水分，这样煎的时候才不容易粘锅。

5 加盖，大火煮开后转小火煮2小时，加入盐，拌至入味即可。

天麻川芎白芷鲢鱼汤

⏱ 122分钟 🧠 益智健脑

扫一扫看视频

原料： 鲢鱼头300克，水发黑豆100克，桂圆肉15克，枸杞12克，红枣30克，天麻、川芎、白芷各适量，姜片、葱段各少许

调料： 盐3克，料酒6毫升，食用油适量

做法

1 用油起锅，放入洗净的鲢鱼头，煎至两面断生，撒上姜片，炒出香味。

2 倒入葱段，淋上料酒，注入适量清水，倒入洗净的黑豆，放入备好的川芎、天麻和白芷。

3 倒入洗净的红枣、桂圆肉和枸杞，盖上盖，煮约120分钟至全部食材熟透。

4 揭盖，加入盐，拌匀调味，关火后盛出炖煮好的鱼汤，装入碗中即可。

扫一扫看视频

桂圆核桃鱼头汤

⏱ 8分钟　🧠 健脑

原料： 鱼头500克，桂圆肉20克，核桃仁20克，姜丝少许
调料： 料酒5毫升，盐2克，鸡粉2克，食用油适量

做法

1 处理好的鱼头斩成块状，待用。

2 热锅注油烧热，倒入鱼头，煎出焦香味，放入姜丝，爆香，淋入料酒，翻炒提鲜。

3 注入适量清水，放入桂圆肉、核桃仁，盖上锅盖，煮沸后转小火煮约2分钟。

4 掀开锅盖，放入盐、鸡粉，搅匀，煮至入味，盛出煮好的汤料，装入碗中即可。

扫一扫看视频

海带黄豆鱼头汤

⏱ 37分钟　🍲 降压降糖

原料：鲢鱼头200克，海带70克，水发黄豆100克，姜片、葱花各少许

调料：盐2克，鸡粉2克，料酒5毫升，胡椒粉、食用油各适量

做法

1　将洗净的海带切成条，再改切成小块。

2　用油起锅，放入姜片、鲢鱼头，煎至鱼头呈焦黄色，盛出，装入盘中待用。

3　砂锅中注水并烧开，放入洗好的黄豆，倒入海带，淋入料酒，炖20分钟。

4　放入煎好的鱼头，用小火煮15分钟，加入盐、鸡粉、胡椒粉搅匀，放入葱花即可。

扫一扫看视频

红花鱼头豆腐汤

⏱ 32分钟　🍲 降低血压

原料：鱼头170克，豆腐150克，白菜230克，红花、姜片、葱段各少许

调料：盐2克，料酒适量

做法

1　洗净的豆腐切成小方块；洗好的白菜切去根部，改切成块；取一个纱袋，放入红花，系好袋口，制成药袋。

2　砂锅中注水并烧热，倒入姜片、葱段，放入药袋，倒入处理好的鱼头，放入豆腐、白菜，淋入少许料酒。

3　盖上锅盖，烧开后用小火煮约30分钟至熟透。

4　揭开锅盖，加入盐，拌匀调味，取出药袋，关火后盛出煮好的汤料即可。

扫一扫看视频

186分钟

降低血压

冬瓜雪梨谷芽鱼汤

原料： 冬瓜200克，雪梨150克，草鱼250克，谷芽5克，水发银耳80克，姜片少许，隔渣袋2个

调料： 盐2克，食用油适量

烹饪小提示

切冬瓜的时候要注意，不宜切得太薄或者太厚，太薄容易煮烂，太厚不易入味。

做法

1 将洗净的雪梨去核，切块；洗好的冬瓜切块；处理好的草鱼切块，备用。

2 热锅注油，放入草鱼块，油炸约3分钟至两面呈金黄色，取出，装入盘中备用。

3 取出隔渣袋，倒入炸好的草鱼块，用绳子将隔渣袋系好，装入盘中待用。

4 砂锅中注入适量清水，倒入冬瓜、雪梨、姜片、谷芽、银耳、隔渣袋，拌匀。

5 加盖，用大火煮开后转小火煮3小时，加入盐，搅拌均匀，关火后取出隔渣袋，装入盘中。

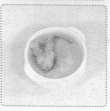

6 将煮好的汤水盛出，装入备好的碗中，解开隔渣袋，取出草鱼块，放入装有汤水的碗中即可。

人参螺片汤

⏱ 42分钟　🍲 开胃消食

扫一扫看视频

原料： 排骨400克，水发螺片20克，红枣10克，枸杞5克，玉竹5克，北杏仁8克，人参片少许

调料： 盐2克，料酒10毫升

做法

1 洗好的螺片切成片，待用。

2 锅中注水并烧热，倒入洗净的排骨，淋入5毫升料酒，汆去血水，捞出。

3 砂锅注水烧热，倒入排骨、玉竹、红枣、杏仁、螺片、5毫升料酒，煮40分钟。

4 倒入备好的人参片、枸杞，拌匀，略煮一会儿，加入盐，搅匀至入味，盛出即可。

扫一扫看视频

薏米鳝鱼汤

⏱ 36分钟　🍚 调节血糖

原料： 鳝鱼120克，水发薏米65克，姜片少许
调料： 盐、鸡粉各少许，料酒3毫升

做法

1 将处理干净的鳝鱼切成小段，加少许盐、鸡粉、料酒，抓匀，腌渍片刻。

2 汤锅中注水并烧开，放入洗好的薏米，烧开后用小火煮20分钟至薏米熟软。

3 放入鳝鱼，搅匀，再加入少许姜片，用小火续煮15分钟，至食材熟烂。

4 揭盖，放入盐、鸡粉，拌匀调味，盛入碗中即可。

扫一扫看视频

红花当归炖鱿鱼

🕐 41分钟　　🍲 降低血脂

原料： 鱿鱼干200克，红花6克，当归8克，姜片20克，葱条少许

调料： 料酒10毫升，盐2克，鸡粉2克，胡椒粉适量

做法

1. 锅中注水并烧开，倒入鱿鱼干，煮至沸腾，捞出，沥干水分，待用。
2. 锅中注水并烧开，淋入料酒，加入盐，放入鸡粉、胡椒粉、红花、当归、姜片、葱条。
3. 倒入鱿鱼干，搅拌均匀，煮至沸腾，盛出炖好的鱿鱼汤，装入碗中。
4. 将碗放入烧开的蒸锅中，用中火隔水炖40分钟，取出，捞出葱条即可。

扫一扫看视频

玉竹百合牛蛙汤

🕐 41分钟　　🍲 降低血压

原料： 玉竹12克，鲜百合45克，牛蛙100克，姜片少许

调料： 鸡汁20毫升，盐2克，鸡粉2克

做法

1. 将处理好的牛蛙斩成小块，备用。
2. 砂锅中注水并烧开，倒入牛蛙块、姜片，加入洗净的玉竹、百合，拌匀。
3. 淋入鸡汁，盖上锅盖，用小火煮40分钟至食材熟透。
4. 揭开盖子，放入盐、鸡粉，用勺拌匀，煮至食材入味，盛出即可。

扫一扫看视频

枸杞党参银耳汤

🕐 21分钟　🐷 清热解毒

原料： 枸杞8克，党参20克，水发银耳80克
调料： 冰糖30克

做法

1 洗净的银耳切去黄色根部，再切成小块，备用。

2 砂锅中注入适量清水并烧开，放入备好的枸杞、党参、银耳。

3 盖上盖，烧开后转小火煮约20分钟，至药材析出有效成分。

4 揭盖，加入适量冰糖拌匀，煮至冰糖溶化，盛出煮好的银耳汤即可。

扫一扫看视频

安神莲子汤

🕐 *13分钟*　💪 *降血压*

原料： 木瓜50克，水发莲子30克，百合少许
调料： 白糖适量

做法

1 洗净去皮的木瓜切成厚片，再改切成块。

2 锅中注入适量清水并烧热，放入切好的木瓜，倒入备好的莲子，搅拌均匀。

3 盖上盖子，烧开后转小火煮10分钟至全部食材熟软。

4 揭开盖子，将百合倒入锅中，搅拌均匀，加入少许白糖，搅拌入味，盛出即可。

扫一扫看视频

玉米须冬葵子赤豆汤

🕐 *62分钟*　💪 *降低血糖*

原料： 水发赤小豆130克，玉米须15克，冬葵子15克
调料： 白糖适量

做法

1 砂锅中注入适量的清水，大火烧开，倒入赤小豆、冬葵子、玉米须，搅匀。

2 盖上锅盖，大火煮开转小火煮1小时至食材析出营养成分。

3 掀开锅盖，加入适量白糖，持续搅拌至白糖融化。

4 关火，将煮好的汤盛入碗中即可。

菊花枸杞叶绿豆汤

🕐 33分钟 😋 清热解毒

原料： 菊花5克，枸杞叶15克，水发绿豆100克

调料： 冰糖、白糖各适量

做法

1 砂锅中注入适量清水，大火烧开。

2 放入绿豆、菊花，加入冰糖，搅匀。

3 盖上锅盖，烧开后转小火煮30分钟至食材熟软。

4 掀开锅盖，放入白糖、枸杞叶。

烹饪小提示

绿豆提前一个晚上泡发好，用来做汤时口感更佳。

5 搅拌片刻，续煮2分钟入味，盛出即可。

天麻红枣绿豆汤

⏱ 122分钟　🧠 健脑益智

扫一扫看视频

原料： 天麻5克，芡实10克，无花果20克，红枣25克，绿豆30克，莲藕块200克

调料： 盐2克

做法

1 绿豆浸水泡发2小时；无花果浸水泡发10分钟；天麻、芡实、红枣浸水泡发10分钟。

2 砂锅中注水，倒入莲藕块、红枣、绿豆、天麻、芡实，拌匀，加盖，煮90分钟。

3 揭盖，放入无花果，搅拌均匀，加盖，续煮30分钟至无花果熟透。

4 揭盖，加入盐，稍做搅拌至入味，装入碗中即可。

扫一扫看视频

响螺淮山枸杞汤

⏱ 123分钟 🫕 健脾

原料： 响螺片15克，淮山药10克，枸杞15克，黄芪10克，党参10克，蜜枣20克

调料： 盐2克

做法

1 将枸杞和响螺片、淮山药、黄芪、党参分别浸水泡发5分钟，捞出。

2 砂锅中注入1000毫升清水，放入泡好的响螺片、淮山药、黄芪、党参、蜜枣。

3 加盖，用大火煮开后转小火续煮100分钟至有效成分析出。

4 揭盖，放入泡好的枸杞，煮约20分钟，加入盐，拌至入味，盛出即可。